优秀技术工人
百工百法丛书

徐珺工作法

全光组网安装维护交付

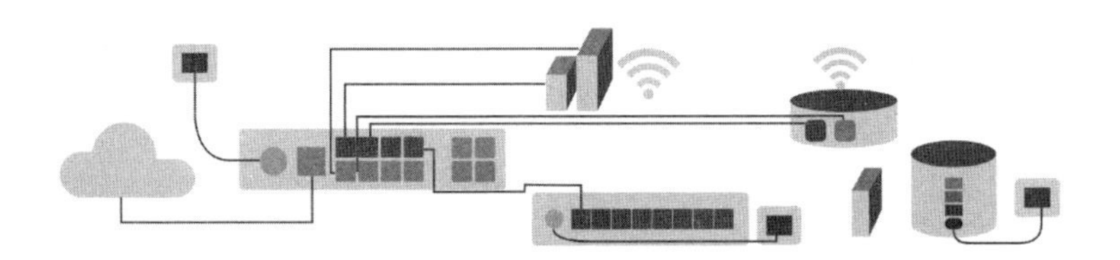

中华全国总工会 组织编写

徐 珺 著

中国工人出版社

技术工人队伍是支撑中国制造、中国创造的重要力量。我国工人阶级和广大劳动群众要大力弘扬劳模精神、劳动精神、工匠精神，适应当今世界科技革命和产业变革的需要，勤学苦练、深入钻研，勇于创新、敢为人先，不断提高技术技能水平，为推动高质量发展、实施制造强国战略、全面建设社会主义现代化国家贡献智慧和力量。

——习近平致首届大国工匠创新交流大会的贺信

优秀技术工人百工百法丛书

编委会

优秀技术工人百工百法丛书

国防邮电卷

编委会

序

党的二十大擘画了全面建设社会主义现代化国家、全面推进中华民族伟大复兴的宏伟蓝图。要把宏伟蓝图变成美好现实，根本上要靠包括工人阶级在内的全体人民的劳动、创造、奉献，高质量发展更离不开一支高素质的技术工人队伍。

党中央高度重视弘扬工匠精神和培养大国工匠。习近平总书记专门致信祝贺首届大国工匠创新交流大会，特别强调“技术工人队伍是支撑中国制造、中国创造的重要力量”，要求工人阶级和广大劳动群众要“适应当今世界科技革命和产业变革的需要，勤学苦练、深入钻研，勇于创新、敢为人先，不断提高技术技能水平”。这些亲切关怀和殷殷厚望，激励鼓舞着亿万职工群众弘扬劳模精神、劳动精神、工匠精神，奋进新征程、建功新时代。

近年来，全国各级工会认真学习贯彻习近平总书记关于工人阶级和工会工作的重要论述，特别是关于产业工人队伍建设改革的重要指示和致首届大国工匠创新交流大会贺信的精神，进一步加大工匠技能人才的培养选树力度，叫响做实大国工匠品牌，不断提高广大职工的技术技能水平。以大国工匠为代表的一大批杰出技术工人，聚焦重大战略、重大工程、重大项目、重点产业，通过生产实践和技术创新活动，总结出先进的技能技法，产生了巨大的经济效益和社会效益。

深化群众性技术创新活动，开展先进操作

法总结、命名和推广，是《新时期产业工人队伍建设改革方案》的主要举措。为落实全国总工会党组书记处的指示和要求，中国工人出版社和各全国产业工会、地方工会合作，精心推出“优秀技术工人百工百法丛书”，在全国范围内总结 100 种以工匠命名的解决生产一线现场问题的先进工作法，同时运用现代信息技术手段，同步生产视频课程、线上题库、工匠专区、元宇宙工匠创新工作室等数字知识产品。这是尊重技术工人首创精神的重要体现，是工会提高职工技能素质和创新能力的有力做法，必将带动各级工会先进操作法总结、命名和推广工作形成热潮。

此次入选“优秀技术工人百工百法丛书”作者群体的工匠人才，都是全国各行各业的杰出技术工人代表。他们总结自己的技能、技法和创新方法，著书立说、宣传推广，能让更多人看到技术工人创造的经济社会价值，带动更多产业工人积极提高自身技术技能水平，更好地助力高质量发展。中小微企业对工匠人才的孵化培育能力要弱于大型企业，对技术技能的渴求更为迫切。优秀技术工人工作法的出版，以及相关数字衍生知识服务产品的推广，将对中小微企业的技术进步与快速发展起到推动作用。

当前，产业转型正日趋加快，广大职工对于技术技能水平提升的需求日益迫切。为职工群众创造更多学习最新技术技能的机会和条件，传播普及高效解决生产一线现场问题的工法、技法和创新方法，充分发挥工匠人才的“传帮带”作用，工会组织责无旁贷。希望各地工会能够总结、命名和推广更多大国工匠和优秀技术工人的先进工作法，培养更多适应经济结构优化和产业转型升级需求的高技能人才，为加快建设一支知识型、技术型、创新型劳动者大军发挥重要作用。

中华全国总工会兼职副主席、大国工匠

作者简介
About The Author

徐 珺

1979年出生，中国电信股份有限公司上海分公司西区电信局通信线务高级技师、网络工程技术工程师，全国示范性劳模创新工作室和国家级技能大师工作室负责人，专注通信接入装维领域27年。曾获“全国劳动模范”“全国技术能手”“中央企业百名杰出工匠”“长三角大工匠”“信息通信行业工匠”“上海工匠”“上海市十大工人发明家”

等荣誉和称号。

徐珺突破光纤暗线入户瓶颈，推出暗管穿线“四小工具”，提高了光纤暗管入户成功率，降低了工具成本，为中国光纤到户发展起到了关键的示范作用。他编写了《宽带操作法》《用户终端维护》《光纤到户安装维护实用教程》《异常发光终端判断排除法》《隐形光缆操作法》《光纤暗线入户操作法》等操作法及教程，并通过网页和视频等形式，积极分享经验方法。他领军的工作室已培养出多名技术能手及劳模工匠，团队的小革新、小发明已获多项专利，并代表线务员参与了隐形光缆行标制定，积极协助企业完成全光组网等装维规范的制定。他热爱线务工作，虽获诸多荣誉，但初心不改，坚持骑“电驴”走街串巷，为客户提供服务，用线务员的视角观察、思索、求变。

工/匠/寄/语

从自己开始做起，将简单重复的事用心做好，追求精益求精的结果，更注重充满乐趣的过程。

目　录
Contents

引 言
Introduction

通信技术的创新发展与中国的发展紧密相连，它不仅是推动经济社会快速发展的重要力量，也是实现中国式现代化的关键支撑。它如同千家万户、千行百业的“神经”系统，不仅极大地促进了信息流通和资源整合，而且成为推动经济创新和社会进步的关键力量。通过加强这些“神经”的建设，赋能千行百业，可以进一步激发各行各业的创新活力，促进社会的全面进步。

全光组网是一种新型的通信技术，它利用光缆替代双绞线电缆，进行局域网组网，加强了与光接入网的融合，从而突破了双绞线电缆带宽极限和传输距离的限制，为宽带的进一步提速夯实了物理层基础，激发出有线网络的潜力，为相关技术应用的发展铺平了道路。

本工作法主要阐述了笔者及其团队多年来在一线装维攻坚过程中积累的经验方法，着重围绕暗管穿引、明线钉固、线槽布放、隐形光缆等施工环节展开，通过图文形式展示施工步骤方法、技能技巧、注意事项等内容，供读者参考。同时，由于全光组网及其布线技术仍在不断地发展演进，工作法难免存在不足和疏漏之处，恳请读者朋友们批评指正。

第一讲

全光组网概述

一、全光组网定义及分类

1. 全光组网定义

全光组网是一种基于光纤连接组网的方式，它通过敷设光纤至每一个信息点进行全光纤化的组网，使主、从设备间不再依赖于双绞线电缆或其他网线形式连接，并为客户提供宽带接入、光纤有线局域网、Wi-Fi 覆盖、网络电视和电话等业务，同时使主、从设备具备多种接入形式的组网能力。全光组网简称为 FTTR（Fiber to The Room），即光纤到房间。

2. 全光组网分类及特点

（1）全光组网分类

按应用场景，全光组网分为家庭全光组网和商企全光组网。家庭全光组网，一般简称为 FTTR-H；商企全光组网，一般简称为 FTTR-B。

按组网技术，又分为“点到多点”（P2MP，基于无源光网络方式）和“点到点”（P2P，基于以太网方式）。

（2）全光组网特点

①光纤组网优势：光纤抗电磁干扰、寿命长、线径细、重量轻、承载带宽高。

② P2MP 模式强耦合，无源光网络（PON）下沉局域网，运营管理强耦合。

③ P2P 模式从设备多，承袭以太网模式，从设备可解耦，市场上产品类型较为丰富。

二、全光组网链路及拓扑结构

1. 全光组网链路

全光组网拓扑应构成基于半永久链路的信道链路，在具备条件的情况下，宜构成基于永久链路的信道链路，虽然半永久链路成本较低，但永久链路形式更有利于链路调整、测试分段、维修判断及降低故障率。

2. 全光组网（P2MP）链路

（1）全光组网（P2MP）永久链路：如图 1 所示，指信息点与信息汇聚点之间的传输链路，包含室内光缆、配线架、光纤信息面板（含连接器、适配器）、级联分光器。但不包含两侧跳纤、配线架、第一级分光器。

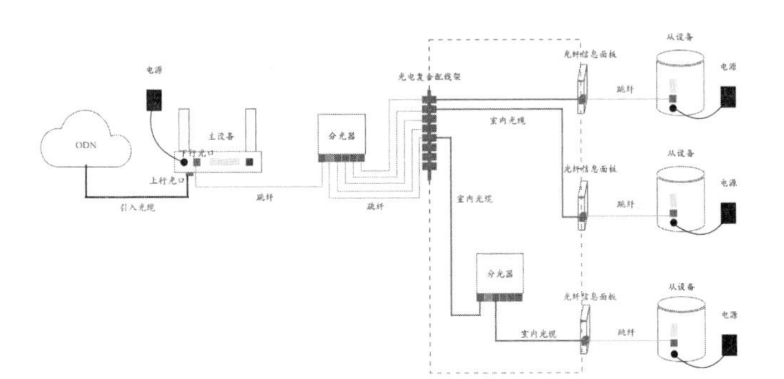

图 1　全光组网（P2MP）永久链路示意图

（2）全光组网（P2MP）半永久链路：如图 2 所示，它是在实际施工中较为常见的链路模式，较永久链路模式的成本低。一侧（墙壁插座）为光纤连接器和适配器，另一侧（信息汇聚点）为光纤连接器直接连接至终端适配口。

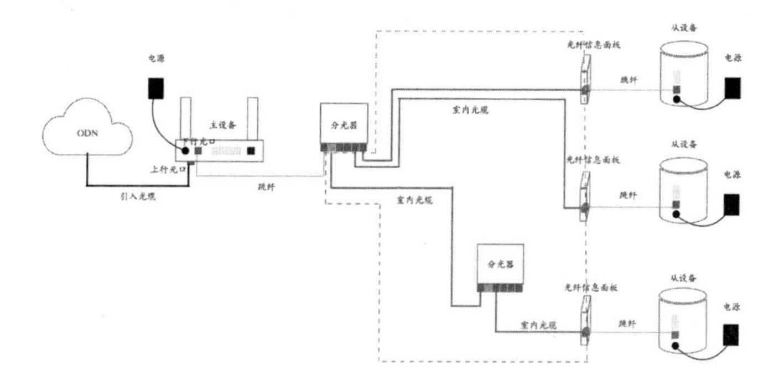

图 2　全光组网（P2MP）半永久链路示意图

（3）全光组网（P2MP）信道链路：指全光组网中的信道链路，包含水平敷设的光缆及两端的跳纤。如图 3 所示，全光组网 P2MP 模式应构成基于半永久链路的信道链路，宜构成基于永久链路的信道链路。

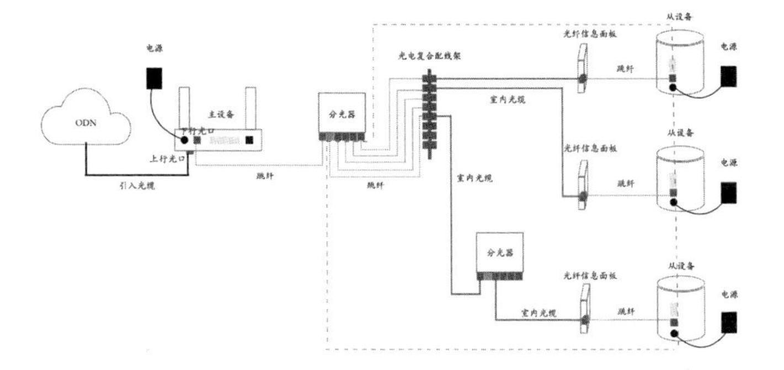

图 3　全光组网（P2MP）基于永久链路的信道链路示意图

3. 全光组网（P2P）链路

（1）全光组网（P2P）永久链路：如图 4 所示，指信息点与信息汇聚点之间的传输链路，包含室内光缆、配线架、光纤信息面板（含连接器、适配器），如中间含有光交换机，则只包含光交换机上下连接线缆及连接器。但不包含两侧跳纤、配线架及光交换机。

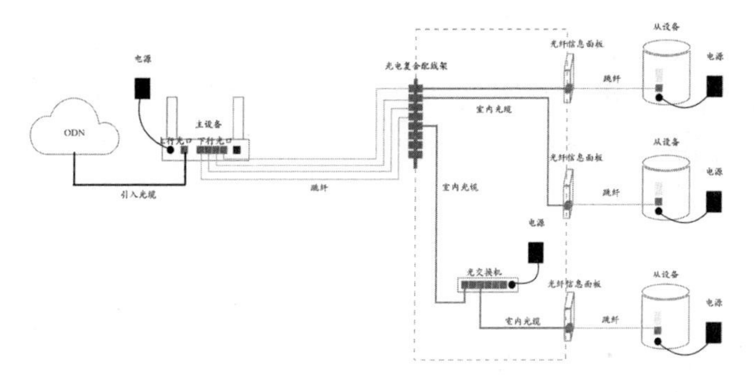

图 4 全光组网（P2P）永久链路示意图

（2）全光组网（P2P）半永久链路：它是全光组网实际施工中较为常见的拓扑结构，它易于维修，减少故障，成本较永久链路低。如图 5 所示，一侧（墙壁插座）为光纤连接器和适配器，另一侧（信息汇聚点）为光纤连接器直接连接至终端适配口，如中间含有光交换机，则只包含光交换机上下连接线缆及连接器。

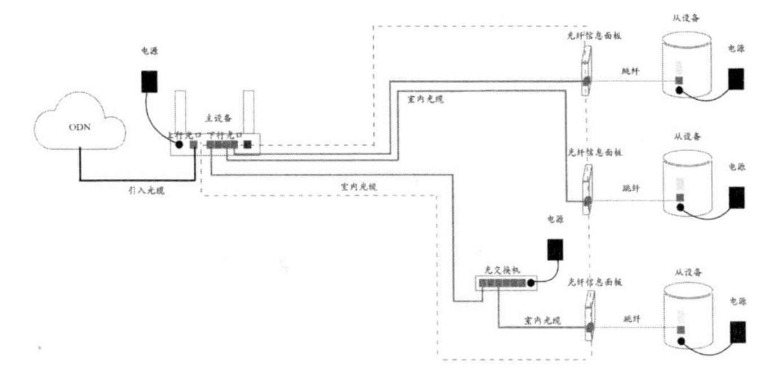

图 5　全光组网（P2P）半永久链路示意图

（3）全光组网（P2P）信道链路：指全光组网中的信道链路，包含水平敷设的光缆及两端的跳纤，如中间含有光交换机，则只包含光交换机上下连接线缆及连接器。如图 6 所示，全光组网 P2P 模式应构成基于半永久链路的信道链路，宜构成基于永久链路的信道链路。

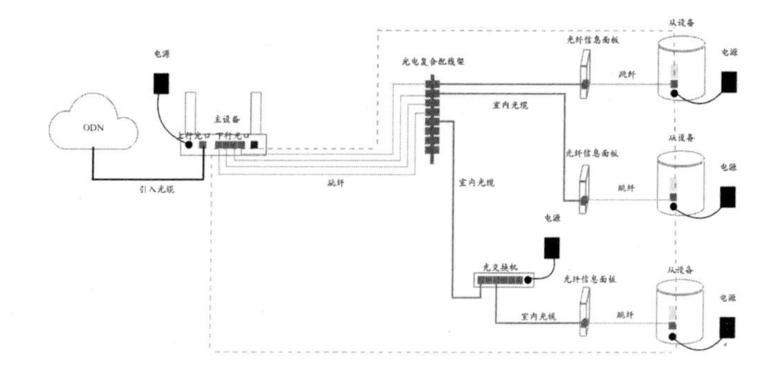

图 6 全光组网 P2P 模式基于半永久链路的信道链路示意图

4. 全光组网拓扑

（1）全光组网 P2MP 拓扑

如图 7 所示，家庭全光组网 P2MP 拓扑结构一般以星状和树状为主。如图 8 所示，为家庭全光组网基于 PON（P2MP）组网拓扑示意图。该方式主要采用 PON 方式进行家庭局域网组网，主设备通过光纤连接分光器，进行分光后再通过光纤连接至光纤信息面板，最后连接至从设备。点对多点（P2MP）指的正是分光形式，全光组网的局域网相当于光分配网（ODN），主设备等同于光线路终端（OLT）设备，从设备等同于光网络单元（ONU）设备，非光电分光器安装在信息汇聚点时不需要电源。

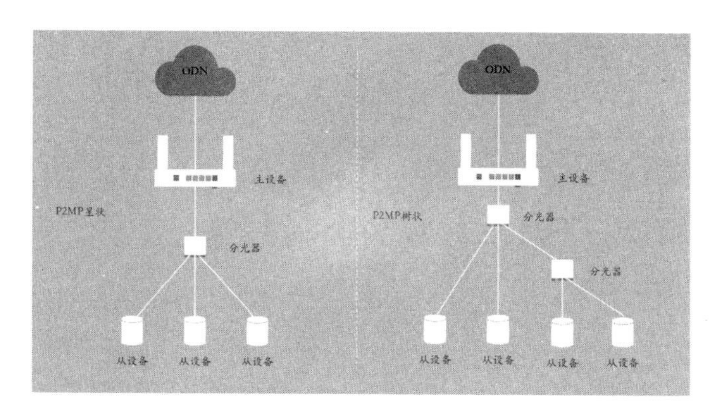

图 7　家庭全光组网基于 PON（P2MP）组网的星状、树状拓扑示意图

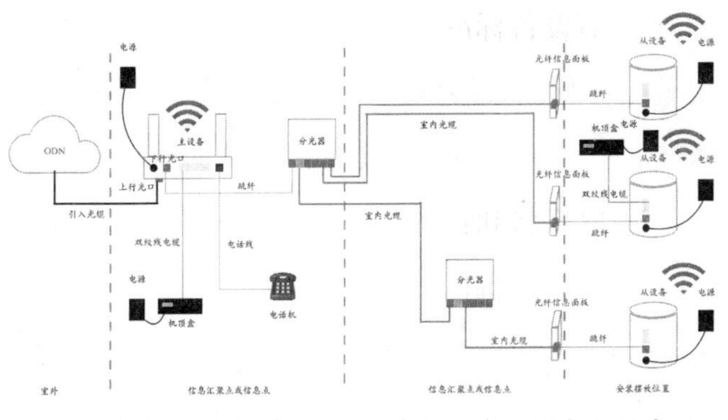

图 8　家庭全光组网基于 PON（P2MP）组网拓扑示意图

图 9 为企业全光组网基于 PON（P2MP）组网拓扑示意图。图中主设备通过光电复合缆连接光电分光器，进行分光供电后再通过光电复合缆连接至光纤信息面板，最后连接至从设备，供电方式分为 PoF 供电或电源供电，从设备又分为桌面、吸顶、面板等。此类组网一般多用于商企组网场景，也有应用在家庭组网中的。由于不同设备厂商的 PoF 光电复合缆组网方案存在差异，且商企全光组网场景较为复杂，故具体施工方法应

根据厂商设备标准执行。目前，已投入应用的商企全光组网，其局域网相当于ODN，主设备相当于OLT设备，从设备等同于ONU设备，拓扑结构一般以星状和树状为主；以光电分光器（连接电源）为从设备供电方式为主，其主从设备供电协商及异常状态保护机制也在逐步完善。

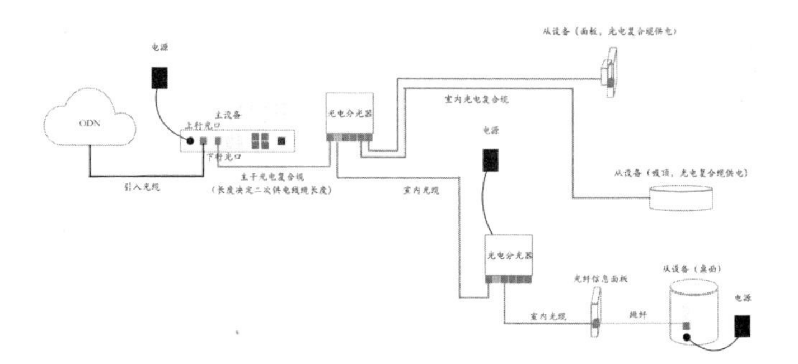

图9　企业全光组网基于PON（P2MP）组网拓扑示意图

（2）全光组网P2P拓扑

如图10所示，家庭全光组网P2P拓扑结构一般以星状和树状为主。如图11所示，家庭全光组网基于以太网（P2P）组网拓扑示意图。该方式主要采用光纤以太网方式进行局域网组网，主设备通过光纤连接至光纤信息面板，后连接至从设备。点对点（P2P）沿用了原先的以太网局域网模式，光纤替代双绞线电缆，光纤接口替代RJ45等接口。拓扑结构一般以星状和树状为主，光纤交换机所在信息汇聚点须有电源。

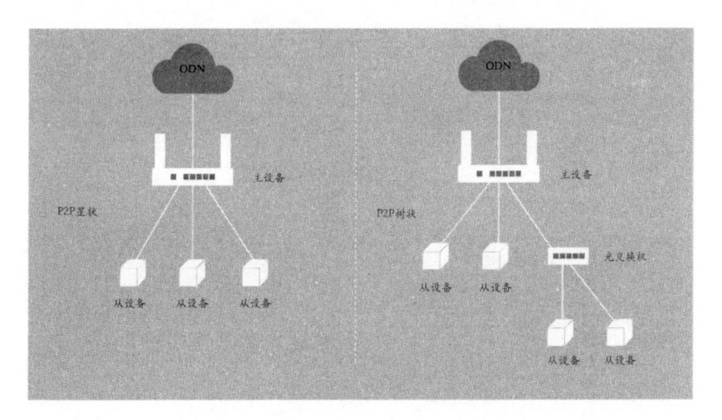

图 10　家庭全光组网基于以太网（P2P）组网星状、树状拓扑示意图

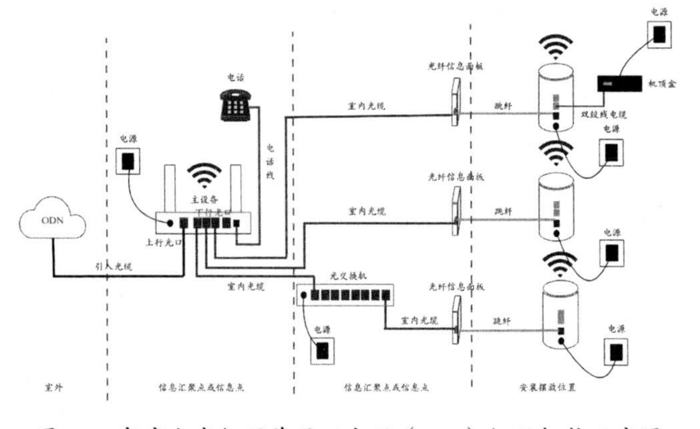

图 11　家庭全光组网基于以太网（P2P）组网拓扑示意图

如图 12 所示，为全光组网 P2P 模式光电复合缆组网。该方式主要采用光纤以太网方式进行局域网组网，主设备通过光纤连接至光纤信息面板，后连接至桌面从设备；同时也可以通过光电复合方式连接吸顶和面板式从设备，双绞线电缆提供标准以太网供电（PoE 供电），光纤提供数据传输。这种方式可以充分利用已有双绞线电缆的电气特性，但主从设备硬件及接口能力需突破双绞线电缆的速率极限，才能发挥出光纤的优势。同样，由于不同设备厂商的光电复合缆组网设备及方案存在差异，且商企全光组网场景较为复杂，故具体施工方法应根据厂商设备标准执行。目前，全光组网 P2P 模式光电复合缆组网也出现了类似于 PoF 的组网方式，与 P2MP 模式不同，它仍然采用以太网局域网组网模式，而非 PON 局域网模式，仅采用了 PoF 光电复合缆形式。

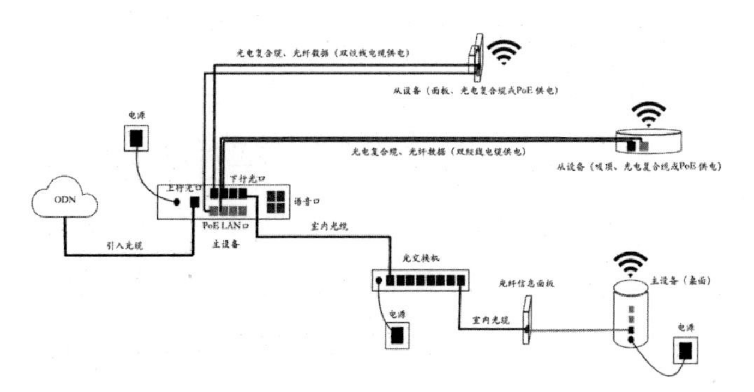

图 12　企业全光组网基于 PON（P2P）组网拓扑示意图

第二讲

全光组网安装维护流程

一、全光组网安装流程

全光组网安装流程分为上门勘测和安装施工两个流程。

1. 上门勘测流程

（1）流程概览

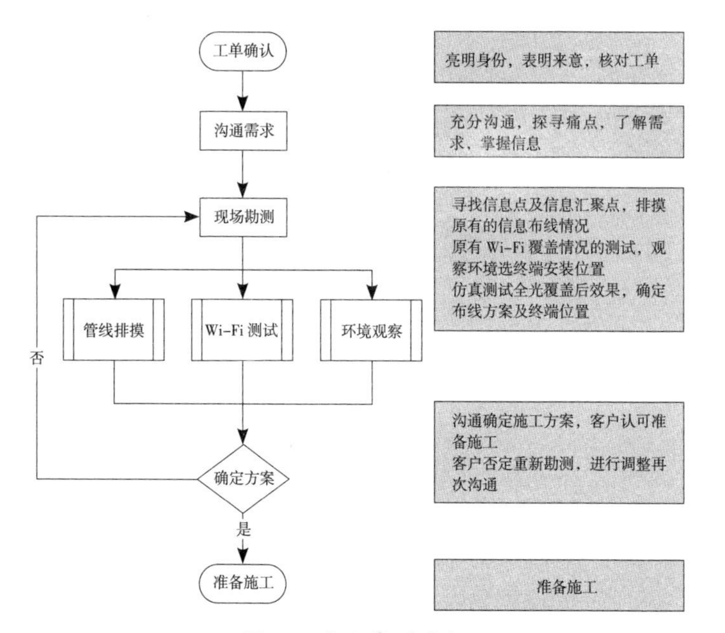

图 13 上门勘测流程

（2）步骤说明

步骤一：工单确认

礼貌登门，首先应向客户亮明身份，出示工牌或证件，并与客户沟通核实工单相关信息，包括地址、户名和业务信息等，确保该工单内容与客户需求一致。

步骤二：沟通需求

与客户充分沟通，了解客户需求及痛点，包含但不限于上网终端数量、信息点和信息汇聚点的位置等。

步骤三：现场勘测

施工人员应结合客户需求、家庭建筑结构及环境、装修图纸、各品类终端特性等进行环境勘测。通过管线排摸，了解排摸原组网布线形式及路由走向，包含但不限于线缆、管道、线槽等，从而确定信息点及信息汇聚点的位置。进行Wi-Fi测试，了解原组网环境中的Wi-Fi情况，包含但不限于 Wi-Fi 路由器性能、组网环境中同邻频干扰、远近点场强情况、漫游性能等。可利用仿真测试组网后的 Wi-Fi 覆盖情况，包含但不限于以下内容：远近点场强情况、漫游性能等；根据仿真测试结果，选择最佳的终端安装位置。观察环境，根据管线排摸及 Wi-Fi 测试的情况，确定初步方案，并仔细观察安装环境，了解以下信息，包含但不限于电源、温度、湿度、散热、装饰风格、是否存在电磁或无线干扰的家电等。

步骤四：确定方案

全光组网方案拓扑应构成基于半永久链路的信道链路，宜构成基于永久链路的信道链路；选择合适的布线方式（详见表 1），结合勘测确定最终的布线路由及形式、终端类型及安装位置，详细记录测试勘察结果，并通过简练明晰的语言和客户沟通确认，得到确认后方能进行施工；如方案没有得到认可，则重新进行勘测设计，进行相应的调整……；同时，应将施工中涉及室外、用电、登高、开孔、家具（电）搬动等操作情况告知客户，得到认可后方能进行操作。

表1 全光组网布线方式

布线方式分类	子类	光缆型号	美观度	安全可靠度	施工难度	优先级
建筑内	暗管	GJXFH/GJFJH	★★★★★	★★★★★	★★★★	1
	钉固	GJXFH/GJFJH	★★	★★★	★★	2
	线槽	GJXFH/GJFJH	★★★	★★★★	★★★	3
	隐形	隐形光缆	★★★★	★★	★★★★★	4
建筑外	S 型固件、螺钉固定方式	CJYXFCH	★★	★★★	★★★★	—
	室外暗管	GJYXFHA	★★★★★	★★★★★	★★★★	—

步骤五：准备施工

勘测结束，准备安装施工。

2. 安装施工流程

安装施工流程如图 14 所示。

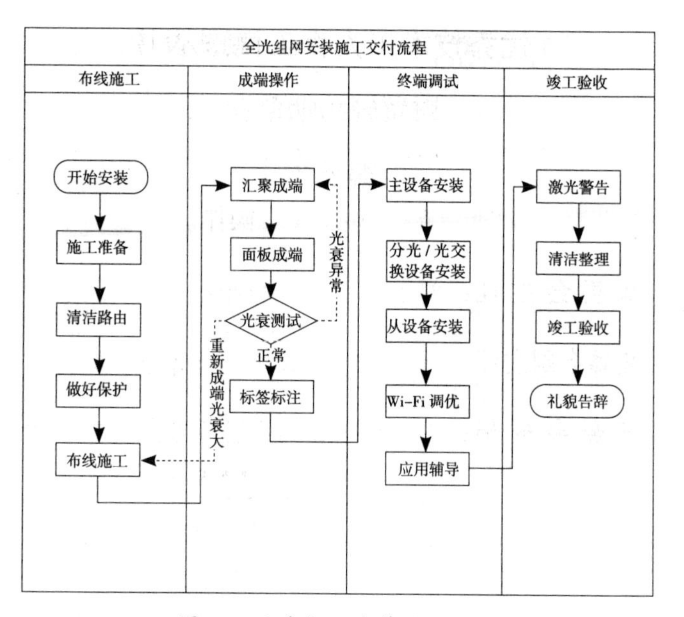

图 14 全光组网安装施工流程

3. 步骤说明

步骤一：布线施工

（1）施工准备

首先做好施工准备工作，铺好垫布，摆好工具包，按序准备好工具、耗材和终端设备等。

（2）清洁路由

然后进行清洁路由，请客户协助搬动可能阻碍布线的家具、电器等，清洁布线路由环境（包含地面、墙面、踢脚线、门窗框、信息箱、底盒等）。

（3）做好保护

同时布线过程中会影响地面、墙面、家具及电器表面等，可采用垫布等做保护措施；采用胶水等方式固定线缆时，应用美纹纸对胶水涂抹边缘做保护。

（4）布线施工

应结合客户端信息网络布线环境、应用需求、建筑及装修情况，并遵循四个原则：一重安全、二看美观、三要经济、四利维修，与客户进行充分沟通确认，达成一致后进行施工。根据确定的施工方案进行布线，布线施工方式并不局限于一种方式，可以根据实际情况进行灵活组合，室内及室外施工方案包含但不限于表 1 所述，可依据优先级选择适合的布线方式。

（5）布线施工中应遵循的要点

①应构成信道链路。为了减少故障率，便于链路跳接、分段维修及测试，全光组网应构成以半永久链路为基础的信道链路，宜构成以永久链路为基础的信道链路。应在信息点安装信息面板，通过跳纤连接终端或设施；宜在信息汇聚点安装配线架，通过跳纤连接终端或设施。

②牵引施工须回拉。利用客户暗管内原有线缆进行牵引，牵引成功后必须将其还原。

③隐形光缆的敷设。隐形光缆使用前应做盘测，根据光纤类型选用对应弯曲半径的圆棒进行缠绕测试。除了微型线槽敷设方式，隐形光缆宜采用冷胶全程敷设，热胶和速干胶一般用于敷设辅助快速定位。

④双面胶固定使用。安装中使用双面胶，应

在施工前做墙面粘贴力悬挂测试，即裁剪一定长度的双面胶，根据墙面材质，选取对应测试用双面胶面积的砝码，做粘贴力悬挂测试。

⑤光纤光缆的选用。室内（引入）光缆宜采用 G.657A2 及以上标准的纤芯，跳纤宜采用 G.657A2 及以上标准的纤芯，隐形光缆宜采用兼容 G.652D 的 G.657B3 及以上标准的纤芯；室内（引入）光缆宜采用非金属加强芯，外护套为低烟无卤阻燃材质。

⑥暗管穿管器施工。穿管器须具备绝缘器身，穿引头便于替换维修，宜能在 20~30m 长度 PVC 暗管中过 6 个弯。已有线缆的暗管施工，不得使用旋转方式的穿管器。

⑦线缆冗余要求。根据成端方式、光纤面板、光纤配线架等要求，冗余一定长度的光缆。例如：标准 86 底盒余留长度宜为 30~50cm，常见家庭信息箱（底箱的长 × 宽 ≈40cm × 30cm）

余留长度宜为 70~100cm。

⑧光电复合缆要求。采用的光电复合缆，其相关设备终端的供电性能应能达到或超越 PoE 标准中的供电及安全要求。

步骤二：成端操作

（1）汇聚成端

信息箱、机柜等信息线缆汇聚点宜安装多光口面板、配线盒、配线架等，然后用跳纤连接终端或跳接；可用螺丝、双面胶等将其固定在底盒上、信息箱及机柜内。

（2）面板成端

信息（网线、电话）面板等信息点宜安装单、多光口面板，然后用跳纤连接终端，可用螺丝、双面胶等将其固定在墙面和底盒上。

（3）光衰测试

①光源光功率双向测试法。全光组网光缆敷设成端完毕后应采用光源光功率双向测试法，对

构成的信道链路逐一、分段进行测试。光源、光功率仪表应进行校准，确保电量充足，设置对应波长，然后进行测试。被测试链路损耗＝光缆损耗＋连接器件损耗＋接续点损耗，不含两侧跳纤、适配器，该损耗应≤1dB。如采用分光器组网，则应对分光器插入损耗进行检测，并纳入全程光衰预算范围。

②终端光模块测试法。利用主从设备光模块相关信息，做简单的连接测试。通过主从设备光模块获取发送和接收功率值，计算光缆、分光器等产生的光衰，从而判断链路及分光器的状态。

（4）标签标注

在线路敷设完、光衰正常的前提下，应对线缆、面板、配线架、从设备等进行标签标注，标签标注方法不能影响终端设备的美观。

①信息点侧线缆标签。距离线缆成端 5~8cm

位置应用标签标注线缆走向，标签信息写明上联设备端口（分光器、交换机、主设备、配线架），宜标注该链路初次安装测得的上联至信息点的衰减值。

②信息汇聚点侧线缆标签。距离线缆成端5~8cm位置应用标签标注线缆走向，标签信息写明上联设备端口（分光器、交换机、主设备、配线架）、下联设备位置，宜标注该链路初次安装测得的下联至信息汇聚点的衰减值。

③信息面板标签。应在信息面板外壳左或右上角粘贴，标签信息为该信息点位置名称（如主卧、次卧、书房、客厅等）。

④配线架标签。应用标签或记号笔在配线架端口附近的显眼位置用标签标注，标签标注信息为该端口名称，一般为阿拉伯数字。

⑤从设备标签。应在从设备底部不影响原有标签关键信息的位置粘贴，标签信息为该信息点

位置名称（如主卧、次卧、书房、客厅等）。

（5）成端操作要点

①全光组网成端建议采用熔接、研磨、光纤快速连接器等方式。

②成端位置一般在信息点、信息汇聚点或指定的桌面（家具、家电上）。

③全光组网光纤快速连接器、研磨连接器宜短不宜长，便于在面板中安装，盘绕冗余光缆。

④熔接热缩管长短粗细，应根据光缆光纤及信息面板的情况进行选用。

步骤三：终端调试

施工人员须依据终端材料清单，当着客户的面将各终端设备拆包装、组装、通电、连接线缆，并对终端逐一进行网络配置和绑定。完成配置后，须验证终端的网络连接、注册激活、功能控制是否正常，结合系统检测与现场调测情况逐一确认，确保安装终端的配置与功能正常。

（1）主设备安装

通过测试，确保入户光缆功率达标，连接至主设备上联光口；根据端口及业务应用情况，依次连接网线、电话线、下行光缆、电源线；观察设备指示灯，连接光线路终端（OLT）后，进行设备上行注册；待业务下发成功，应进行宽带测速。

（2）分光 / 光交换设备安装

①分光器（P2MP）方式。一般情况下，主设备下行光口连接分光器的上行口，等比分光器的下行口连接至从设备的上行口或级联分光器，不等比分光器的级联口级联下级分光器。如遇一主一从安装场景，按主从设备收发光功率范围，可采取光衰器替代分光器。如主从设备允许直连，则应该根据主从设备收发光范围，在确保安全的情况下，进行直连安装。

②光交换设备（P2P）方式。主设备下行光

口连接光交换设备。如采用光模块方式，则应该兼顾传输距离，选择对应距离的光模块，以确保安全，控制能耗。

（3）从设备安装

上行光缆连接至从设备光口；根据端口及业务应用情况，依次连接网线、电话线、电源线；观察设备指示灯，确保上行光信号正常，待从设备连接注册至主设备，协商同步相关配置参数。并可通过终端管理界面或相关应用程序（App），检查拓扑情况，确保主从设备之间为光纤有线连接模式。

（4）Wi-Fi 调优

应根据原 Wi-Fi 测试情况及施工方案，针对性地开展 Wi-Fi 调优，包含但不限于以下内容：协助客户修改 Wi-Fi 服务集标识符（SSID）及密码；对测试 Wi-Fi 组网环境中同邻频干扰、远近点场强情况、漫游性能、对比 Wi-Fi 仿真测试情况进行调优。

（5）应用辅导

辅导客户安装注册应用程序（App）软件，并对全光组网设备进行绑定，辅导其了解应用（App）对应的功能，协助客户体验 Wi-Fi 漫游切换、有线及 Wi-Fi 测速、App 远程控制等，并告知使用注意事项。

步骤四：竣工验收

（1）激光警告

终端光口、设备端口、光缆连接器等部位应标有激光警告标识，竣工验收前应进行检查和标注，并向客户说明激光注意事项。

（2）清洁整理

清除施工保护措施，整理工具，清理施工垃圾。

（3）竣工验收

施工人员结合现场服务情况，生成服务交付

报告（报告内容应包括工单信息、安装交付照片、功能验证结果等），并对交付报告内容进行讲解、答疑。客户现场验证终端功能及应用，查看服务交付报告，确认信息无误后签字，确认本次服务完成。

（4）礼貌告辞

临走前，应询问客户对本次服务是否满意，按服务管控要求完成回单前各项相关工作并离场，不落工序，不落东西，礼貌告辞。

二、全光组网维护流程

对于完成了上门安装流程的全光组网订单，若客户反馈存在功能故障需上门修障，经上一环节预处理解决的，需提供上门修障服务。

1. 流程概览

上门维护人员收到上门修障的工单后，为客户提供上门服务，流程如图 15 所示。

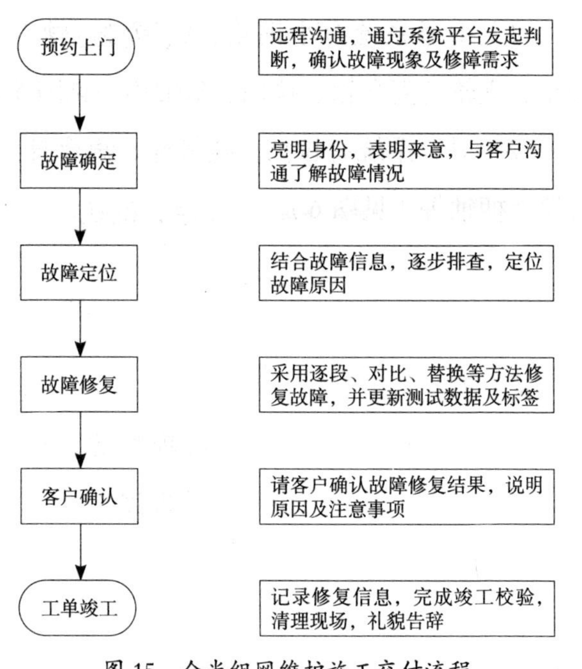

图 15　全光组网维护施工交付流程

2. 步骤说明

步骤一：预约上门

维护施工人员接到修障工单后，与客户远程沟通，确认故障现象及修障需求，通过系统平台发起测试，结合沟通及测试情况在上门前准备适当的备件终端，并按约定时间上门提供修障服务。

步骤二：故障确定

维护施工人员按预约时间上门后，首先须向客户出示工作证或工牌，亮明身份并说明来意，现场再次与客户沟通并验证核实故障现象，通过观察、聆听，收集故障的相应信息。

步骤三：故障定位

上门维护人员结合故障现象、预处理诊断情况，对可能涉及的终端进行网络连接、账户绑定、功能操作等方面的验证尝试，针对链路线缆进行逐段排查和测试，逐步定位故障。

步骤四：故障修复

上门维护人员利用类似一键诊断等功能定位故障，对故障进行修复解决，并为客户演示修复后的正常功能。

对于网络连接异常、接触不良、功能配置错

误等现场可处理的故障须现场解决修复；对于无法现场修复的终端硬件故障，可通过更换备件终端的方式解决，终端的返修或更换依照业务受理时约定的方式处理。

针对光缆链路故障，应在修复后更新标签，除了原有信息应更新光衰信息。

步骤五：客户确认

完成故障修复后，由维护施工人员结合现场服务情况，记录现场故障情况及修障结果，参照安装施工流程提交客户验收。客户查看记录的修障服务结果，确认信息无误后签字，确认本次修障服务完成。同时告知客户故障原因，以及相关注意事项。

步骤六：工单竣工

收拾工具、清理施工现场，完成竣工校验，询问客户对本次服务是否满意，按服务管控要求完成回单前各项相关工作并离场。

第三讲

全光组网安装维护操作法

一、操作法适用对象及范围

1. 适用对象

本操作法适用对象为从事全光组网安装、维护以及其他相关事务的人员。

2. 适用范围

本操作法涵盖安装维护相关内容，针对全光组网布线施工难点着重展开。适用范围为全光组网安装维护操作规范、交付流程、施工操作技能、工具耗材、终端选型、技能认证及培训等。

二、人员要求及注意事项

1. 人员要求

从事全光组网安装、维护、施工的人员应获得相应技能水平认证，宜达到相当于信息网络通信线务员（四级）及以上水平；同时应熟练掌握相关安全操作要求，获得相应的资格证书，应持有效期内的特种作业操作证（高处作业——高处安装、维护、拆除作业)，宜持有效期内的特种作业操作证（电工作业——低压电工作业)。

2. 注意事项

全光组网安装维护过程中应严格遵循安全操作要求、装维质量要求、耗材终端说明书、工器具使用规范等。以下 6 点注意事项特别指出。

（1）激光警告

全光组网安装维修过程中切莫直视光缆光纤横截面、分光器设备端口、光纤适配器端口、光纤接头端面、组网设备光纤端口、光模块端口等，同时也不能将其指向人和动物。应严格按照操作规范要求，固定好相应线缆、设备及终端，规范截面和端口朝向，并在关键位置注有明显的激光警告标识。

（2）高处及用电作业

全光组网施工过程中，如需登高及涉电操作，应熟练掌握相应技能，并持有对应的特种作业操作证（有效期内），严格按照相应的安全要求进行操作。

（3）光电复合缆

全光组网中采用的光电复合缆、供电设备及其标准，其供电及安全指标均能达到或高于行业相关测试标准及要求。

（4）隐形光缆

由于隐形光缆对施工要求高，固定多为冷胶和热胶方式，容易受到外力及环境因素影响而脱落，产生故障。同时，由于其线径细，颜色透明或半透明，不易被发现，容易引发磕绊，因此隐形光缆宜作为辅助布线形式。

（5）光纤活动连接器和适配器

应考虑到现有线缆耗材、工具仪表的兼容性及成本，全光组网中敷设的光纤活动连接器和适配器宜采用 SC、LC、FC 等已被普遍采用的接口标准。

（6）双绞线电缆速率须正确理解

如表 2 所示，超五类及以上标准的达标双绞线电缆可以稳定突破千兆速率，在全光组网交付服务过程中应正确理解双绞线电缆的特点。

表 2　双绞线电缆物理接口、带宽、传输距离和速率表

TIA/EIA 综合布线系统分类	ISO/IEC 综合布线系统分级	物理接口	线缆最高带宽	传输距离	传输速率	备注
CAT1（一类线）	A		750KHz			报警系统和语音传输
CAT2（二类线）	B		1MHz		4Mbps 令牌网	语音传输和最高 4Mbps 的数据传输
CAT3（三类线）	C	10Base-T/10Base-T4	16MHz	100m	10Mbps 以太网 /4Mbps 令牌网	语音、10Mbps 以太网、4Mbps 令牌环数据传输速率
CAT4（四类线）	C	10Base-T	20MHz	100m	10Mbps 以太网 / 16Mbps 令牌网	语音、16Mbps 令牌环数据传输速率，开始采用 RJ 型连接器

续表

TIA/EIA 综合布线系统分类	ISO/IEC 综合布线系统分级	物理接口	线缆最高带宽	传输距离	传输速率	备注
CAT5（五类线）	D	100Base-Tx/1000Base-T*	100MHz	100m	100Mbps/1Gbps	部分五类线不能稳定支持 1000Base-T 至 100m
CAT5E（超五类线）	D	1000Base-T/2.5GBase-T	100MHz	100m	1Gbps/2.5Gbps	
CAT6（六类线）	E	1000Base-Tx/5GBase-T/10GBase-T	250MHz	100/100/37~55m	1Gbps/5Gbps/10Gbps*	10Gbps 速率要求下，37~55m 内需要补偿技术缓解线外串扰
CAT6A（增强六类线）	EA	10GBase-T	500MHz	100m	10Gbps* 线缆须达标，才能达到额定速率及传输距离	
CAT7（七类线）	F	10GBase-T	600MHz	100m	10Gbps*	拥有更好的屏蔽性能，更稳定可靠的 10Gbps 保障
CAT7A（增强七类线）	FA	25GBase-T	1000MHz	100m	15Gbps	
CAT8（八类线）	11801 Ⅰ/Ⅱ	25GBase-T/40GBase-T	2000MHz	30m	25Gbps/40Gbps	

三、全光组网布线操作法

全光组网光纤到房间（信息点）被称为“二次光改”，但其推广及改造难度要远大于“一次光改”光纤到户（FTTH）。影响其发展的主要难点有以下 3 个。

（1）吉比特无源光网络（GPON）局域网速率瓶颈

人们对双绞线电缆（网线）速率存在一定的误解，往往认为传统的网线速率极限只能达到百兆或千兆。但如表 2 所示，达标的超五类线在 100m 内能达到上下行对称的 2.5Gbps 速率，达标的六类线在 100m 内能达到上下行对称的 5Gbps 速率。虽然光纤理论极限速率远高于双绞线电缆，但目前全光组网主从设备之间一般采用的是 GPON 局域网模式，其上下行速率为 1.25/2.5Gbps，上行速率无法达到或超过超五类线标准。正是由于这样的瓶颈，导致其无法充分发挥光纤优势，影响了全光组网的推广普及。

（2）产业壁垒难突破

家庭及商企的信息网络布线系统大多是基于双绞线电缆标准构成的，经过长期的经营发展，其产业链成熟，遍及各个领域，如线缆、配件、终端接口标准等。全光组网发展初期，行业标准未健全，产业链不够成熟，缺乏“刚需”式应用拉动，利益分配模式不够清晰，导致房产配套、建筑装修、弱电布线、应用终端等行业尚未完全接纳、采用其组网方案。

（3）存量网络改造难度大

光纤到户发展初期也存在光纤入户难等问题。相对于光纤到户而言，存量客户布线改造全光组网的难度更大。光纤到户一般是“一根缆一个点”的施工，而全光组网通常是“多根缆多个点”的施工；同时，建筑物内装修情况复杂，弱电布线质量参差不齐，大大影响了全光组网改造的进度。

全光组网布线操作法着重围绕明线钉固、线槽布放、暗管穿引、隐形光缆等施工环节展开，通过图文形式展示施工步骤方法、技能技巧、注意事项等内容，旨在提升全光组网的布线操作水平，提升全光组网装维效率和质量，降低改造难度，改善客户感知。

1. 明线钉固

（1）口诀

间距合理，固定牢固。

布线美观，横平竖直。

转弯双钉，保持弧度。

安全开孔，过洞保护。

（2）施工步骤

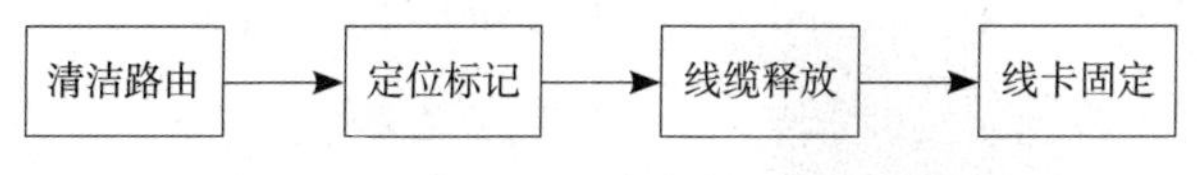

图 16 全光组网明线钉固施工步骤图

（3）工具及耗材

所需工具：榔头（钉锤）、激光水平仪（选配）、抹布、垫布、登高工具（选配）等。

所需耗材：h 钉（卡钉）、室内光缆等。

（4）操作法

全光组网室内光缆明线钉固，应根据采用的室内光缆直径等特征选择相应的 h 钉或卡钉。如图 17、图 18 所示，全光组网室内光缆明线钉固，应根据光缆采用的光纤弯曲半径标准，转弯布线应保留弧度，并采用双钉过弯，不得单钉过弯。

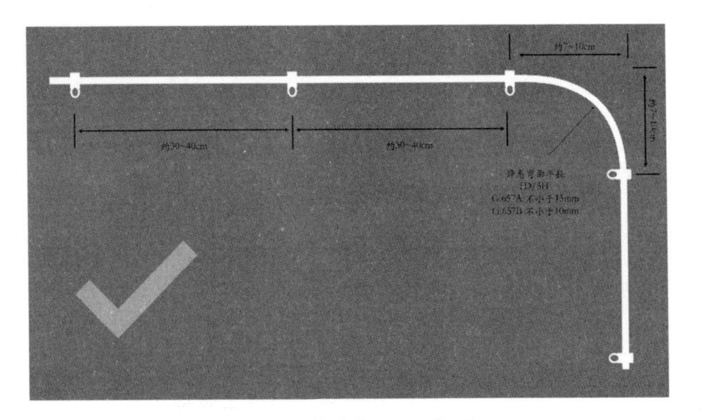

图 17　单线钉固示意图

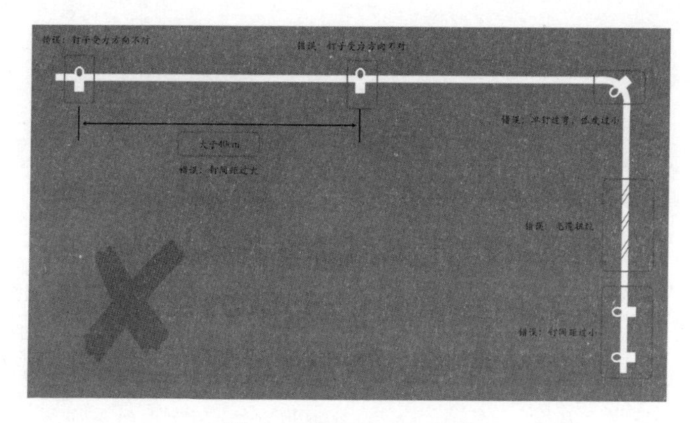

图 18　错误钉固示意图

如图 17、图 18 所示，全光组网钉间距要求应根据线缆直径进行调整，间距一般控制在 30~40cm，钉固间距不宜过大或过小，h 钉所在方向应与线缆受力（拉力、重力）方向一致。钉固之前，宜采用激光水平仪进行定位标记，确保布线走向横平竖直。直线布线路由宜沿着墙壁、踢脚线、护墙板、门窗框等敷设，转弯布线路由宜沿着墙角、墙体与天花板、吊顶或壁挂橱柜的夹角敷设，避免与其他线缆发生交叉，布线路由要兼顾美观和便于维修。布线路由中若遇到穿越墙壁的情况，应给过洞（孔）光缆加上护套；应充分利用保护措施，避免划伤、弄脏墙面、地面、家具及电器表面。

如图 17、图 18 所示，采用钉固方式布放光缆时应注意室内光缆的弯曲半径、打结、扭绞、护套损伤等情况。如图 19 所示，多线汇聚钉固，多线汇聚后可以采用符合多线合并后直径的 h 钉进行固定，在合并起始位置采用两个相反受力的钉子进行固定。如图 20 所示，阴角、阳角过弯应对应所采用光纤标准保留弧度，采用双钉过弯。

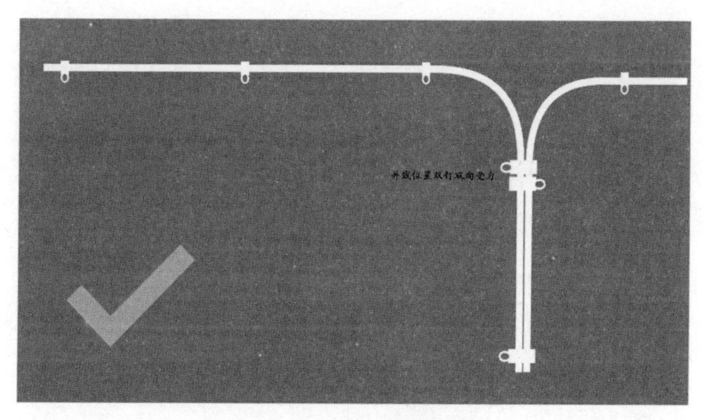

图 19　多线钉固示意图

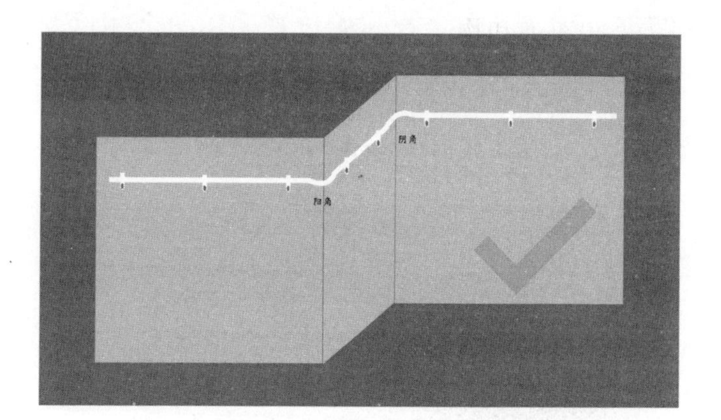

图 20　钉固水平（阴角、阳角）过弯示意图

榔头（钉锤）敲击方式要正确，钉帽小，不宜采用松握锤敲击方式，钉固应采用紧握锤敲击方式；握锤的手不戴手套。如图 21 所示，钉固应敲击有力，宜握住榔头（钉锤）手柄靠近末端的位置发力，可根据墙面材质及周围施工环境调整握住手柄的位置，对准钉帽部分发力锤击；榔头（钉锤）头部不能有松脱情况，手柄和锤头不能有油污、润滑液、除锈剂等；锤击时，挥锤范围内不得有人和物。

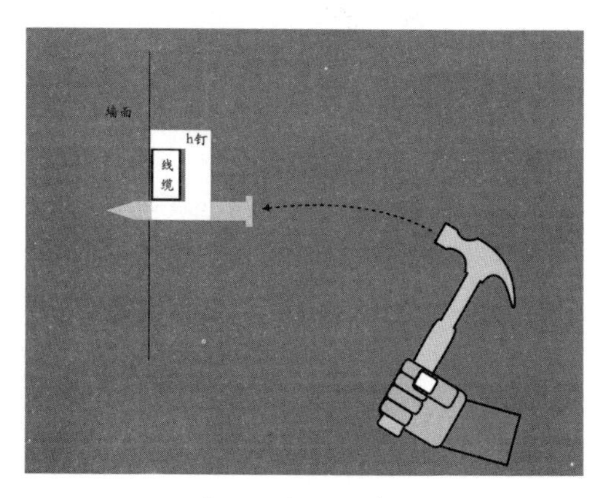

图 21　钉固示意图

2. 线槽布放

（1）口诀

水平垂直，先行标记。

螺钉胶布，因地制宜。

粘附墙体，先行清洁。

螺钉固定，墙体开孔。

裁剪线槽，仔细勘察。

路由确定，选好材料。

丈量精准，留有余地。

（2）施工步骤

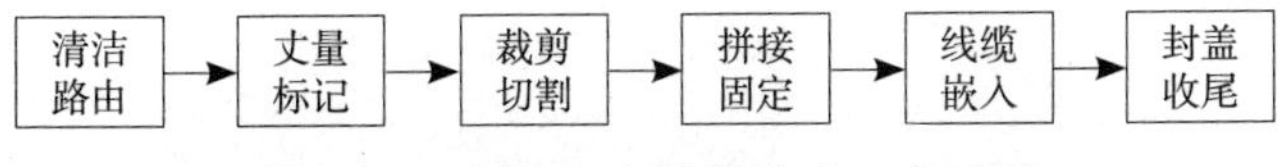

图 22 全光组网线槽布放施工步骤图

（3）工具及耗材

所需工具：迷你锯、螺丝刀、电锤、激光水平仪（选配）、抹布、垫布、登高工具（选配）等。

所需耗材：螺钉（含膨胀管）、线槽及其配件（阴角、阳角、收尾、封洞、平面转弯、线槽软管、光缆固定槽）、固定用双面胶、室内光缆等。

（4）操作法

确定室内信息汇聚点（信息箱等）及准备安装终端的信息点位置，再次确认规划的线槽敷设的路由走向，丈量计算线槽长度及所需配件数量，观察被固定墙体材质情况。线槽路由应结合客户的家居环境，选择弯角少、平整、光滑的固定面作为线槽的敷设路由，宜沿门框、踢脚线、护墙板、天花板与墙体夹角等路径进行敷设，确保线槽敷设的安全、牢固、隐蔽、美观。

线槽转弯弧度须大于室内光缆弯曲半径要求，应采用专用的弯角配件，不得采用直角转弯方式。线槽敷设时如需开孔，须确保安全，征得客户同意，遵循开孔要求，方能开孔，同时穿线过孔，须采用过墙套筒保护，出孔位置应采用封洞线槽。固定线槽的方式分为螺钉和双面胶，宜根据实际情况，将两种方式结合使用。确定路由之后，在墙面做好标记（可擦拭、不留痕），并对整条路由经过的表面进行清洁，以确保线槽可以粘贴牢固、不易脏污。

如图 23 所示，采用双面胶固定方式时，应先采用吊坠砝码方式测试双面胶和固定面的兼容性，截取一段约 10cm 的双面胶，水平粘贴在固定面上，并将吊坠砝码悬在其中间位置，观察一段时间（如 VHB 胶 24h 后粘结强度可达最佳状态，如测试无法持续这么长的时间，则可以做 5min 简单测试，但此时的粘结效果并不是最佳状态，只能做初粘性测试，结果只供参考）。砝码重量为测试双面胶一定面积的最大承载力（如 VHB 胶，约 $18g/cm^2$，测试胶的长 × 宽为 10cm × 0.5cm，则最大承载力约 90g），如无脱落、脱胶状态，则可采用双面胶方式。

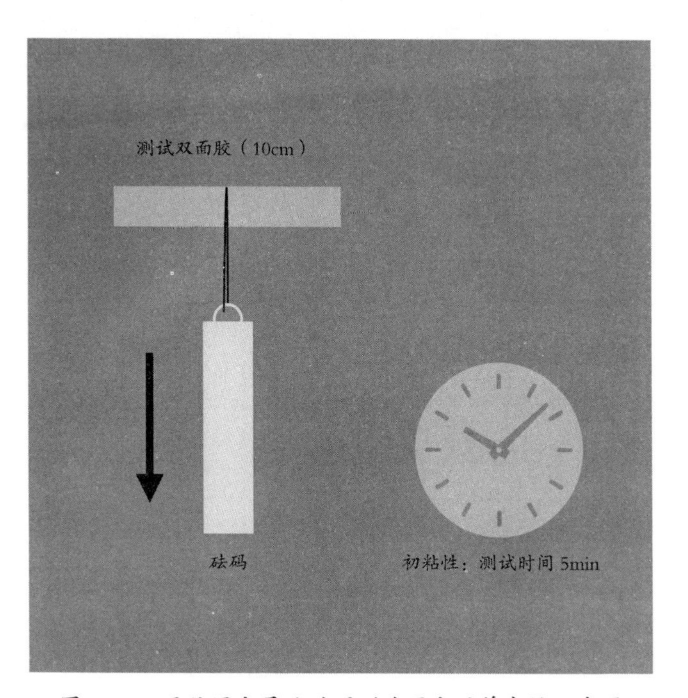

图 23　双面胶固定吊坠砝码测试固定面兼容性示意图

根据现场丈量长度结果，裁剪直线槽，直线槽盖和底槽配对使用，须一起进行裁剪处理。同时准备相应数量配件，如线槽不含双面胶，则须裁剪对应的双面胶，平整完好地粘贴在线槽及配件上。如图 24 所示，双面胶正式粘贴前，再次擦拭线槽布放路由上的固定面，确保固定面上没有灰尘和垃圾，然后将线槽粘贴在固定面上，当直线槽敷设距离较长时，如固定面材质及环境容易引发脱胶，可加装螺钉进行辅助固定。

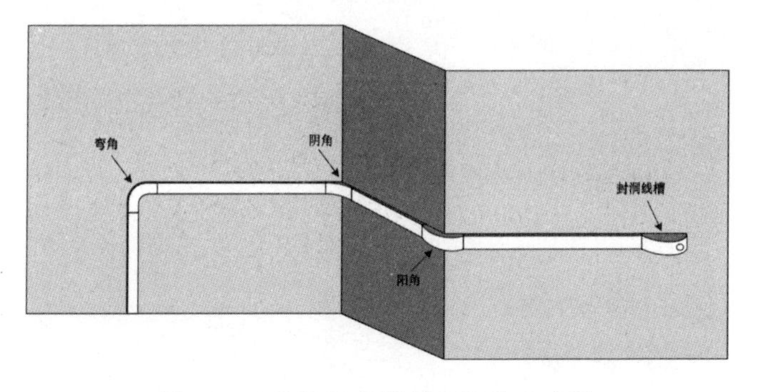

图 24　双面胶固定线槽及配件示意图

如图 25 所示，当采用螺钉固定方式时，应根据线槽及其配件上标注的螺钉固定位置，将线槽及其配件固定在墙面上，一般 1m 直线槽需用 3 个螺钉进行固定。螺钉开孔时应进行固定面探测，防止内有其他管线被损伤。如图 26 所示，螺钉应采用平头钉，顶帽直径小于线槽内宽；根据现场的实际情况对线槽及其配件进行组合，直线槽应紧密拼接，安装到位，应确保直线槽能紧密安装在配件的指定位置。

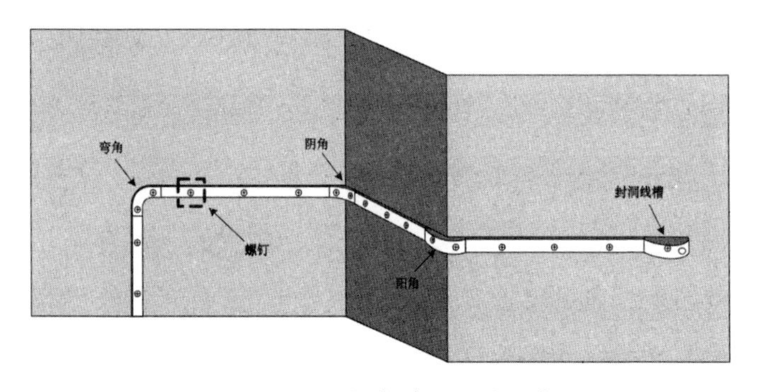

图 25　螺钉固定线槽及配件示意图

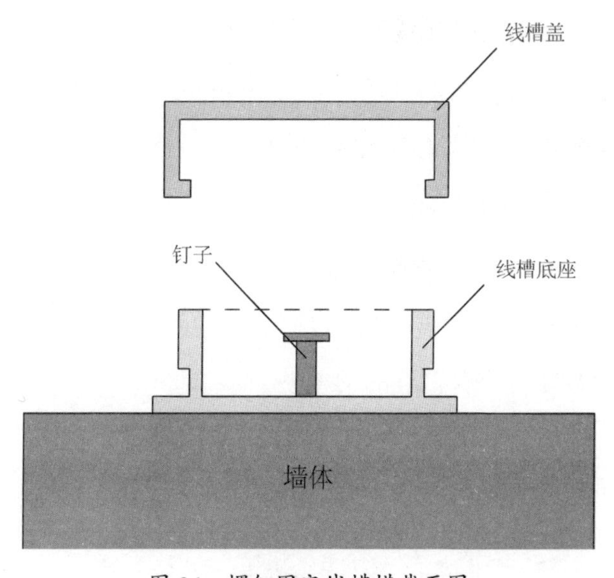

图 26　螺钉固定线槽横截面图

如图 27 所示，线槽拼接的转弯处使用阳角、阴角或弯角，跨越障碍物时使用线槽软管；线槽布放应横平竖直，安装牢固，各个配件之间应安装得严丝合缝；如需开孔，应遵循开孔要求，先行探测，确保安全，再行开孔，开孔直径应能安装过墙套管或其他保护措施；完成线槽布放之后，释放室内光缆应力，防止扭绞、打结，顺势把室内光缆放入线槽，闭合线槽盖，不要挤压夹伤光缆；多根室内光缆共用线槽时，应选择相应尺寸的线槽及配件，其内部宽度、高度能容纳多根室内光缆；线槽及线缆敷设完毕后应进行再次检查确认线槽固定及槽盖闭合情况，同时清洁擦拭线槽上可能留下的污渍及灰尘。

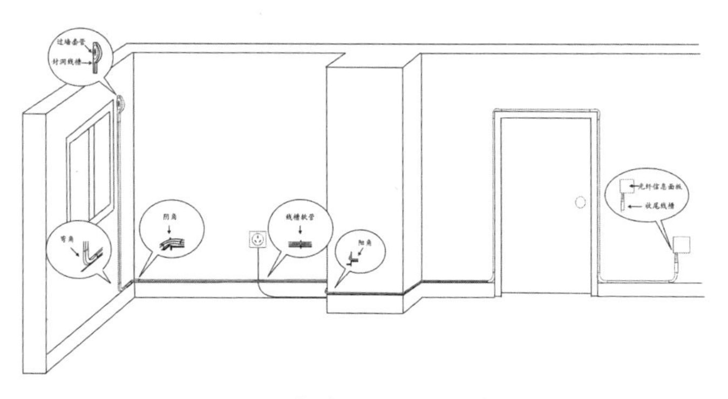

图 27　线槽配件使用示意图

3. 暗管穿引

（1）总口诀

识别暗管，通畅测试。

穿管器具，搭配使用。

牵引为主，穿管为辅。

润滑辅助，减少摩擦。

牵引线路，必须回拉。

绑扎到位，防止卡壳。

搭档合作，默契配合。

管口保护，防止划伤。

寻找路盒，定位准确。

金属管道，电笔测试。

金属牵引，绝缘手套。

（2）寻线定管

①施工步骤

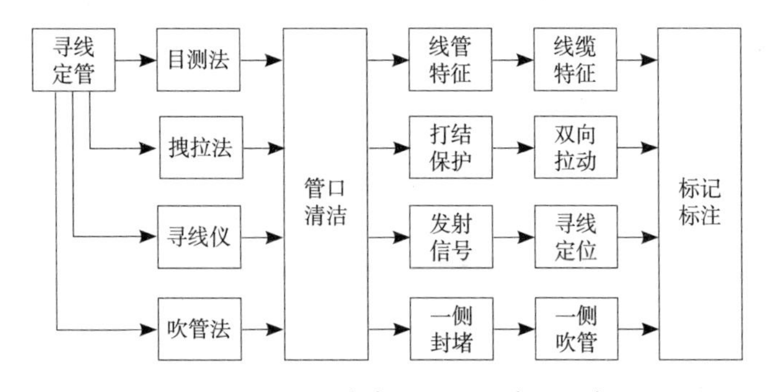

图 28　全光组网暗管穿引寻线定管施工步骤图

②工具及耗材

所需工具：穿管器（绝缘）、螺丝刀、润滑液瓶、寻线仪、验电笔、抹布、垫布、记号笔、吹管器具、寻线哨兵等。

所需耗材：润滑液、标签等。

③操作法

找到信息汇聚点，拆下信息点面板，露出底盒，拍摄照片记录状态；信息汇聚点和信息点两侧管口都要做清洁，防止石头、杂物、粉尘等掉落暗管内引起堵塞，同时也能减少牵引穿管过程中工具和线缆的磨损。如图 29 所示，遇到金属的线缆、管道、底盒及信息箱箱体，则应先对其进行验电测试，确保安全后方能进行后续施工。

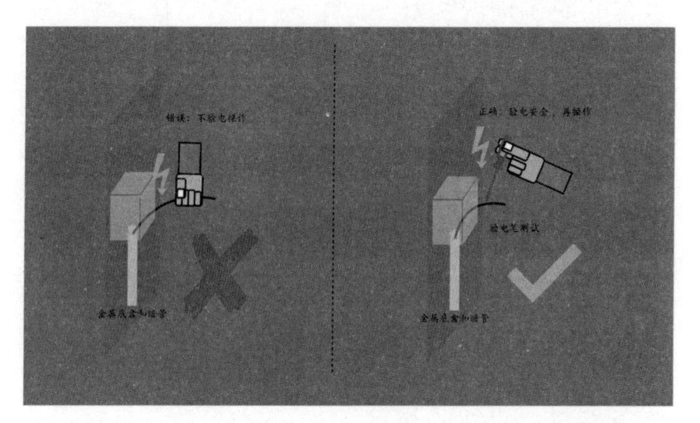

图 29　金属底盒、暗管、信息箱验电笔测试示意图

a. 目测法：先目测一侧暗管及其内在线缆的类型、数量、颜色、粗细等，对比另一侧暗管及线缆与其是否相同或相近，用于判断对应的暗管和线缆。

b. 拽拉法：如图 30 所示，采用拽拉方式判断暗管及线缆，两侧暗管线缆要做相应的保护措施（如打结、夹子固定等），防止拽拉过程中线缆的一头完全滑入暗管内；必须双向测试，用于判断暗管的通畅情况，如单向拉动，则暗管可能存在错位或变形，通过拽拉感受线缆在暗管内的松紧程度，可以大致判断暗管长度、管内摩擦力、异常情况等，拽拉前可浸倒润滑液，予以润滑。

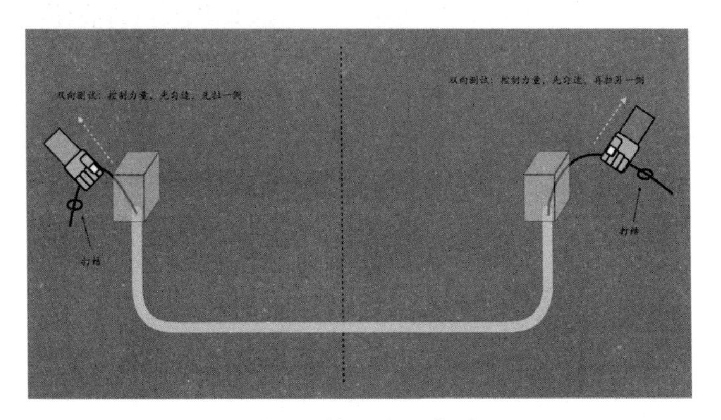

图 30　拽拉法示意图

c. 寻线仪：可以利用寻线仪定位相应线缆，从而定位对应暗管，通常在信息点位置使用寻线仪发射端发射信号，在信息汇聚点用寻线端进行探测寻线，找到对应线缆后做好标记。

d. 吹管法：如图 31、图 32 所示，在一侧暗管口使用纸团（信息汇聚点）或寻管哨兵（信息点）做堵塞，另一侧用对应暗管直径的橡皮管（橡皮管外径小于且接近于暗管内径）进行吹管，吹管建议以机械、自动化工具方式，不建议人工吹气方式（不卫生、不安全），在堵塞管口可以根据纸团是否被吹走或暗管哨兵是否发出哨声，来判断对应暗管及其通畅情况，同时可以通过气流排出的大小和声音来判断暗管状态：有较大的气流和灰尘排出，有较大的声音发出则暗管较为通畅；吹气时，如果发现有阻力且费劲，有返回气，则暗管存在堵塞或假暗管（管口一小部分为暗管，其余为水泥墙体）；吹气感觉不到气流排出、看不到灰尘，也无气体返回，则可能存在过路盒或暗管错位变形等情况。

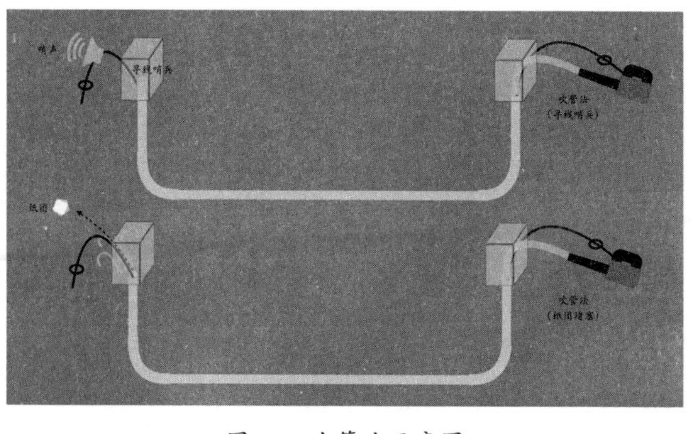

图 31　吹管法示意图

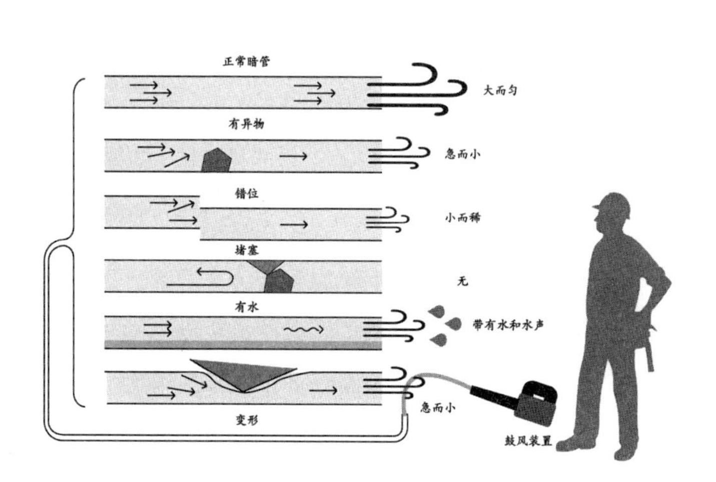

图 32　吹管法：管口出风判断示意图

e. 直接穿管：如暗管线缆情况简单明了，则可以通过穿管直接判断暗管情况。

f. 标签标注：如图33所示，寻到对应的线缆、暗管后，可以采用标签、记号笔、打结等方式，在信息汇聚点或多根线管侧对所寻暗管和线缆进行标记。

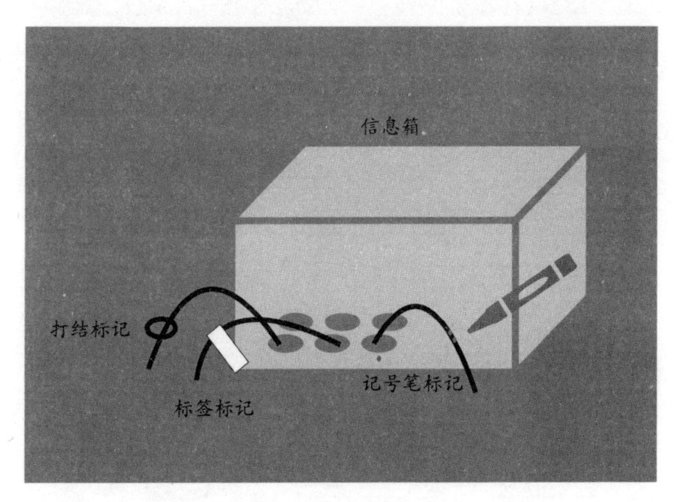

图 33　标签标注示意图

（3）牵引施工

①施工步骤

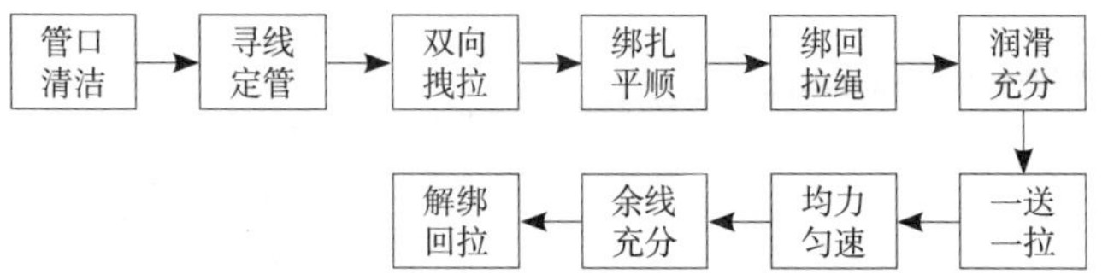

图 34　全光组网暗管穿引寻线定管施工步骤图

②工具及耗材

所需工具：穿管器（绝缘）、牵引绳、螺丝刀、润滑液瓶、寻线仪（通断测试）、抹布、垫布、记号笔、斜口钳、线缆开剥器等。

所需耗材：润滑液、绝缘胶布、标签等。

③操作法

牵引线缆宜采用 4 对 8 芯双绞线电缆，不宜采用非金属加强芯入户光缆、2/4 芯平行线或双绞线进行牵引，特殊情况下可以利用同轴线进行牵引；金属牵引绳需要采取安全措施，戴绝缘手套，穿电工鞋；回拉牵引可采用牵引绳和穿管器，也可采用与牵引线同类型的线缆。如前面图 30 所示，通过拽拉法，判断是否具备牵引的条件，同时判断牵引的顺畅情况，可以通过双向拉动牵引线缆的力度来判断暗管及其内部线缆的情况。

如图 35 所示，牵引操作前，应采用润滑液以减少线缆暗管及线缆之间的摩擦力，以便于牵引，并能保护线缆和暗管；一般在两侧暗管口向内浸倒适量的润滑液（浸倒 1~2min 后待其润滑充分），并在线缆绑扎包裹处涂抹润滑液；在牵引的过程中，可以用抹布浸润润滑液后涂抹在后续需要牵引的线缆上。

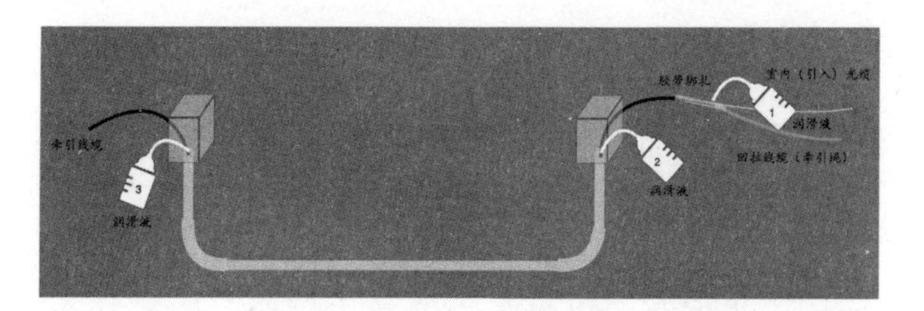

图 35　润滑液使用示意图

如图 36 所示，牵引线缆必须回拉，目前全光组网仍旧需要铜缆参与混合组网（如电话业务需要电话线、网络电视机顶盒需要双绞线网线），牵引线缆必须回拉，确保这些业务能顺利开通。如牵引线缆只能单向拉动，则应考虑同时牵引一根材质用途相近的线缆。

牵引施工，如搭档配合，则事半功倍，通过寻线定管，找到对应且可以用于牵引的线缆，将其在信息底盒（信息箱）内的余线理清、释放冗余线缆，如已接驳设备，记住其对应的接口位置（拍照），便于还原。

如图 36 所示，先将回拉线缆（绳）与牵引线缆进行绑扎，绑扎方法应遵循以下原则：牵引核心，牢固可靠，接续开剥长度宜在 7~10cm，采用金属导线平行接续方式，先去除导线绝缘层，将金属导线相互绞合 3~4 圈，然后将两侧多余的导线捋直，再将其缠绕在另一侧导线上 8~10

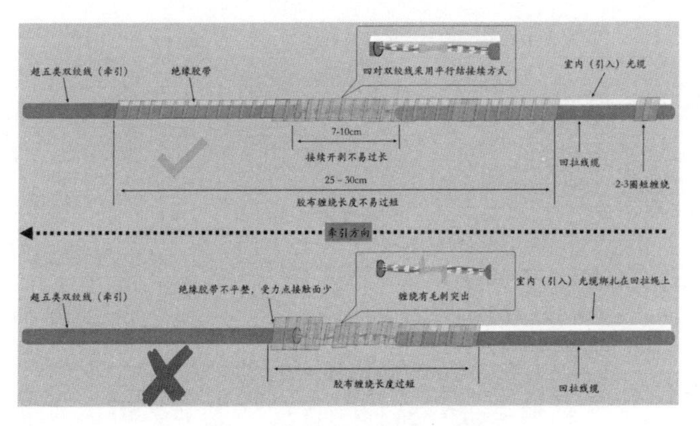

图 36　牵引绑扎包缠示意图

圈，剪平多余的导线头，确保无毛刺，接头缠绕平整无凸起，接续部分缠绕直径小于牵引回拉线缆的直径。胶布缠绕，受力是关键，胶布应粘性较好且有一定的防水能力，包裹缠绕长度宜长不宜短，须充分缠绕覆盖接续点两侧外护套一定长度，总包缠长度宜在 25~30cm，先中间后两侧再中间，一层一层包缠，每一次包缠压上一圈的一半，从头到尾一次到位，紧密缠绕不能松脱，包缠至回拉线缆预定的长度后，宜间隔 15cm 左右对室内（引入）光缆及回拉线缆进行 2~3 圈短缠绕，增加受力，确保平整。室内（引入）光缆需要包缠在牵引线缆上，光缆应紧密贴合在牵引线缆的外护套上（10~15cm），无扭绞打结。导线接续和线缆包缠整体平滑，没有毛刺、棱角凸起，接续包缠部分整体的弯曲机械性能同线缆本身一致，确保能正常通过暗管转弯。其他牵引线缆（穿管器、牵引绳）可参考此法，并做相应调整。

如图 37 所示，绑扎包缠就位、润滑液浸润到位，可以开展牵引。一送一拉，送了再拉，相互配合，牵引遵循匀速、均力、缓拉、不使蛮力的原则，过程中应适当对线缆涂抹补充润滑液，同时捋直被牵引线缆，释放应力，防止打结、扭绞、缠绕，确保线缆不会因外力影响而损伤。如遇到卡位拉不动，切莫蛮力硬拉，应及时回拉，检查接续包缠位置外表磨损情况，判断暗管是否存在变形、错位、异物等状态，从而调整绑扎包裹的方式，进一步减小其直径，增加润滑，来回拉动，尝试通过卡位位置，如果还是发生卡位情况，则应考虑其他管线穿引或其他布线形式。回拉线缆和室内（引入）光缆被牵引出暗管后，应将室内（引入）光缆取下，然后将牵引线和回拉线重新包缠，确保接续牢固，包缠平滑，受力到位，适当地涂抹补充润滑液。将室内（引入）光缆和牵引线缆一端打结，一送一拉，遵循牵引原则，将牵引线缆还原至暗管内，解除牵引和回拉线缆的接续包缠，两侧管口余线适当。如果暗管存在单向拉动的情况，则应采用等同于牵引线缆材质的回拉线缆，单向拉通，用回拉线缆替代原有线缆。

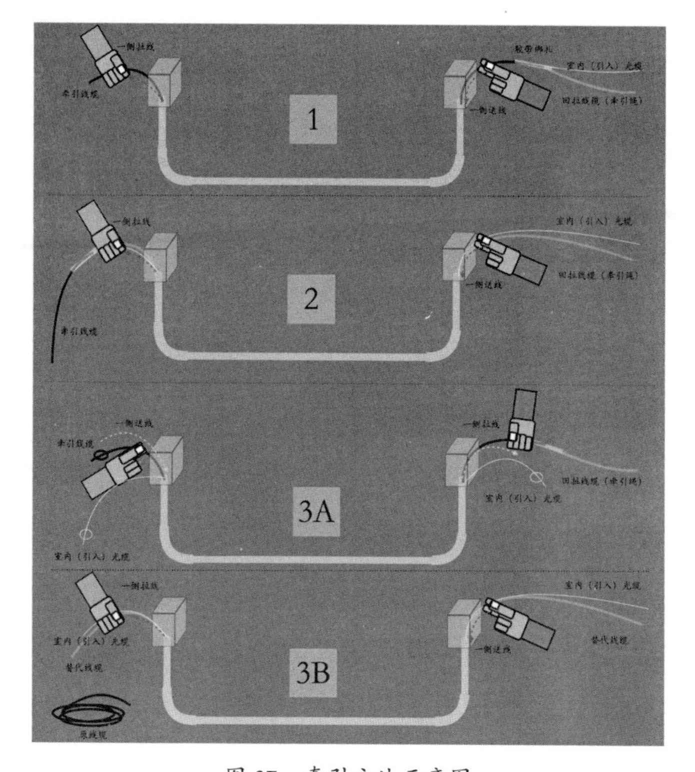

图 37　牵引方法示意图

如果遇到过路盒，则应找到并打开相应的过路盒，依次进行接力牵引线缆。牵引结束，裁剪光缆余线前，通过目视方式检查原有线缆和光缆外观状态，如发现外护套破损、光缆明显弯折，则应再次牵引光缆补充一侧余线，直至能完全替代受损部位。如果发现再次牵引后拉出的光缆仍旧存在损伤，则应及时调整方法更换光缆。两侧室内（引入）光缆应留有足够长度的余线，确保能正常成端，擦干其表面的润滑液和沙石污垢，并做好标签标注。检测原牵引线缆通断，还原接续状态。

（4）穿管施工

①施工步骤

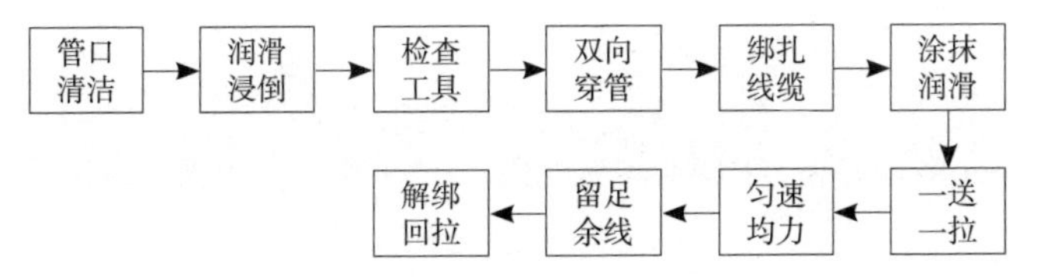

图 38　全光组网线暗管穿管施工步骤图

②工具及耗材

所需工具：穿管器（绝缘）、牵引绳、螺丝

刀、润滑液瓶、抹布、垫布、记号笔、斜口钳、线缆开剥器、铁丝等。

所需耗材：润滑液、绝缘胶布、标签、速干胶水、细砂皮纸等。

③操作法

穿管施工一般用于无线缆的空管、无法牵引的线管、容易穿通的线管等场景。无线缆的空管是指没有任何线缆的暗管；无法牵引的线管是指金属管道畅通，但线缆与金属管道内壁锈蚀粘连的暗管；容易穿通的线管是指畅通的暗管，其中线缆双向拉动顺畅，这样的场景下穿管较牵引方式更为高效。需要注意的是清洁管口垃圾，防止异物掉落管内，并浸倒润滑液至暗管内，如果暗管内有其他线缆应做措施，防止其被完全拉入暗管内。

如图 39 所示，选用合适的穿管器（绝缘），能够有效提高暗管穿通率；应选用绝缘材质穿管器，穿引头可以根据管道情况进行替换，穿引头的最小直径为 4mm，穿管器应能穿通 20m 且有 6 个弯的暗管，穿管器结构利于维护，便于收纳器身的装置；同时，穿管器应能适用多种暗管场景，尤其是有线缆的暗管穿管。

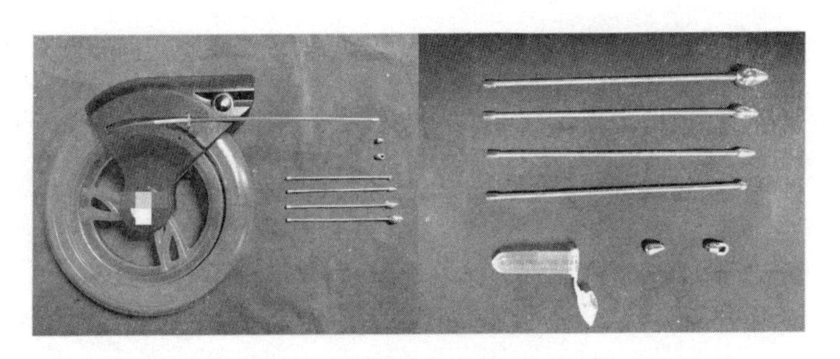

图 39　穿管器及配件示意图

施工操作前，检查工具，着重检查穿管器的状态，确保器身无破损，穿引头无松脱，穿引头的直径与暗管的适配性，穿引头的弯曲韧性，器身长度超过暗管预估长度匹配性等。双向穿管是指不能只在一侧暗管口进行穿管，应以一侧的暗管出口为起始点进行穿管，阻力小且能顺畅穿通，可进行后续线缆绑扎穿引的操作；如果不能穿通应换另一侧穿管，单向穿通的暗管可能存在错位、变形、异物等情况，须增加润滑、改善绑扎。

如图 40 所示，穿管器使用应遵循寸劲发力原则，一般为拇指、食指、中指捏紧穿管器器身（也可使用助握器），无名指和小指背面上侧抵住器身，朝管口寸劲发力，手势上下幅度小，力度均匀；遇阻无法穿动应缓用力，小幅度回拉后，再次发力穿线尝试，不可蛮力操作。

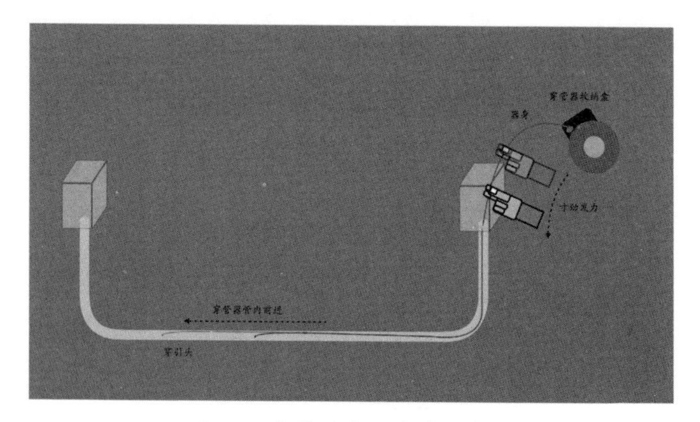

图 40　穿管器寸劲发力示意图

如图 41 所示，穿管器暗管内的受力情况，暗管距离越长越费力，转弯越多阻力越大，管内有线会增加阻力，润滑液辅助能够减少摩擦力，寸劲发力，缓而不急，能退能进才是穿通的关键；在润滑液的帮助下，直管穿管阻力会较小，转弯阻力较大，连续多个弯后阻力叠加，至暗管出口的最后一个弯阻力会累积，难度会增加。

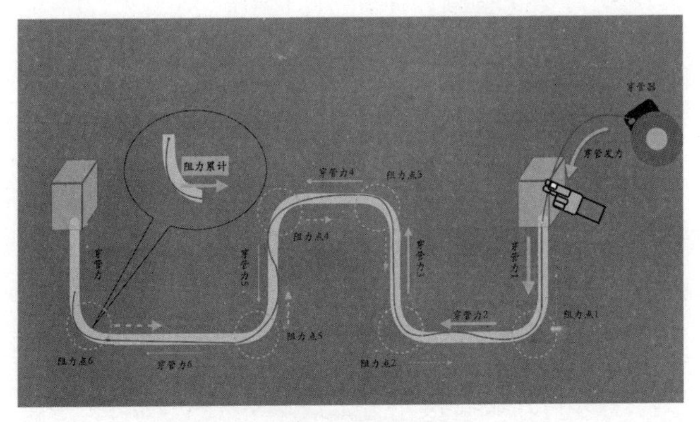

图 41　穿管器暗管内受力示意图

如图 42 所示，穿通暗管后，穿管器除了穿引头，器身宜露出暗管口约 30cm，便于后续的绑扎包缠操作。

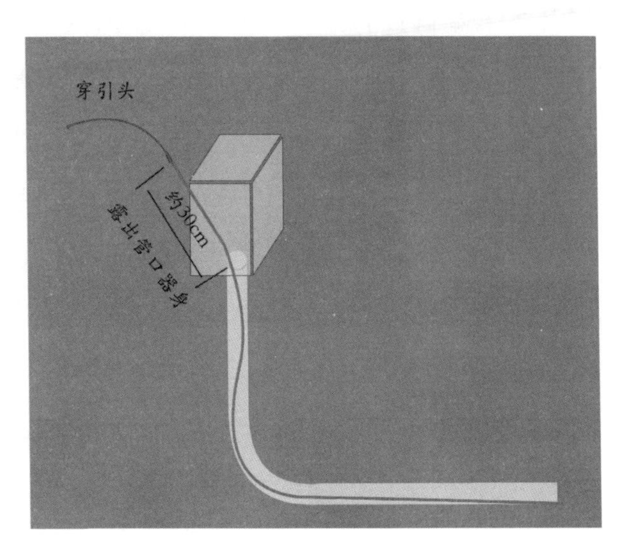

图 42　穿管器穿通后露出余长示意图

如图 43 所示，线缆绑扎缠绕至穿管器器身上，被牵引线缆和器身包缠长度一般为 15~20cm，根据暗管难易程度可适当增加或缩短包缠长度，但不能包缠至可替换型穿引头上。含穿引头包缠法：部分穿管器穿引头不宜反复拆装，则可以采用此方法，被牵引线缆与器身胶布缠绕15~20cm，在穿引头末端再进行3~5cm的包缠，确保回拉过程顺畅。不含穿引头包缠法：被牵引线缆与器身胶布缠绕15~20cm。牵引头包缠法：将穿引头拆下替换上牵引头，将15~20cm的被牵引室内（引入）光缆穿过牵引孔，然后弯折，从穿过孔的光缆头部开始包缠2~3圈胶布，然后依次向牵引头包缠，将对折线缆包裹得紧密平滑，至头部后再向后包缠至穿过孔的线缆头部，并将头部包裹至胶布内，形成斜面坡度，总包缠长度控制在15~20cm。包缠用胶布应粘性较好且有一定的防水能力，一层一层包缠，每一次包缠压上一圈的一半，从头到尾一次到位；包缠整体平滑，没有棱角、凸起，包缠部分整体的弯曲机械性能同线缆及器身本身一致，确保能够正常通过暗管转弯。

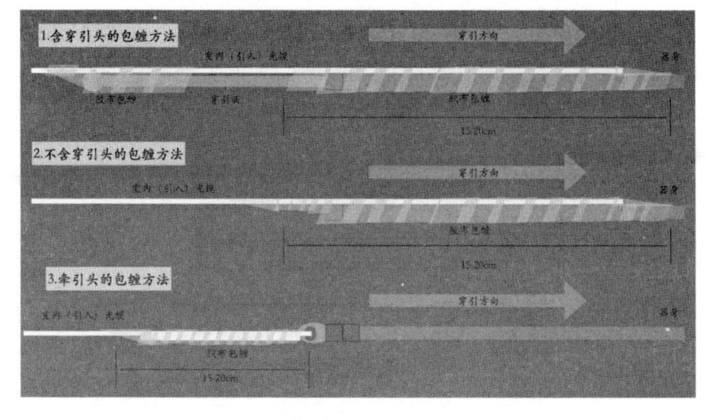

图 43 穿管器包缠法示意图

如图 44 所示，线缆包缠到位后，在两侧管口浸倒润滑液，并在包缠部位涂抹润滑液；然后回拉穿管器，匀速均力，一送一拉，直至室内光缆被牵引出管口，两侧线缆均须留足余长再裁剪，解除包缠胶布，擦拭润滑液及胶布残留痕迹，收拢穿管器。

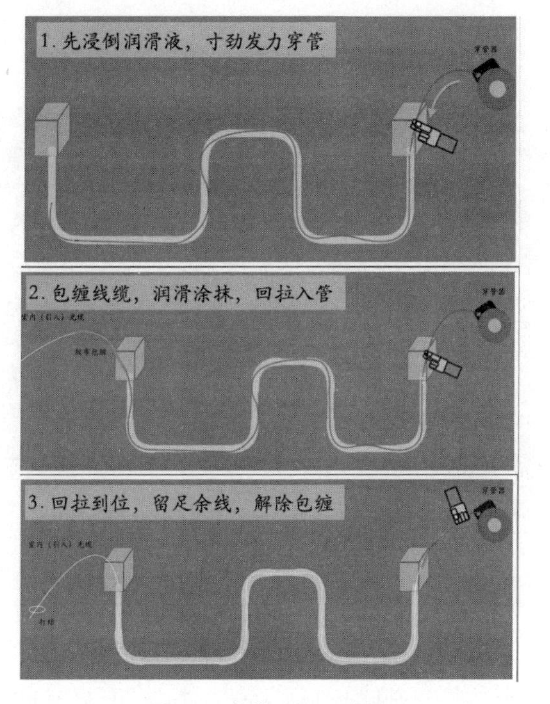

图 44 穿管过程示意图

当穿管器器身断裂或穿引头脱落时可以用快干胶修复，修复过程中可用细砂皮打磨，增加粘合部位的摩擦力和粘附力。快干胶应注意其粘附力时效性。

如图 45 所示，穿引过程中应注意管口的情况，减少其增加的摩擦力，防止破损或锋利切口的管口损坏线缆、穿管器，应尽量将线缆、穿管器与管口分离。

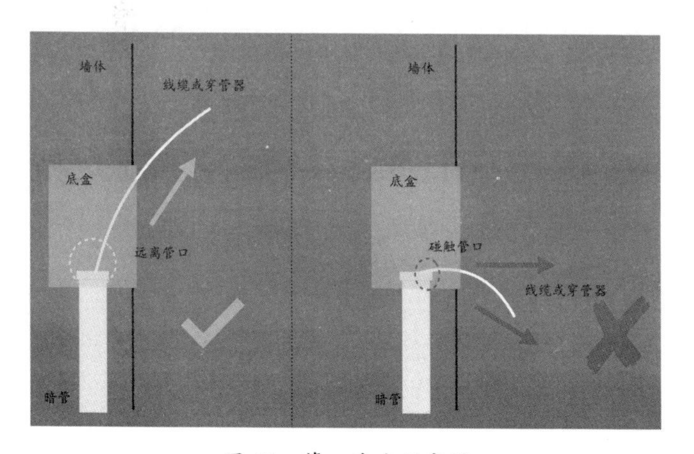

图 45　管口受力示意图

（5）定位过路盒法

①施工步骤

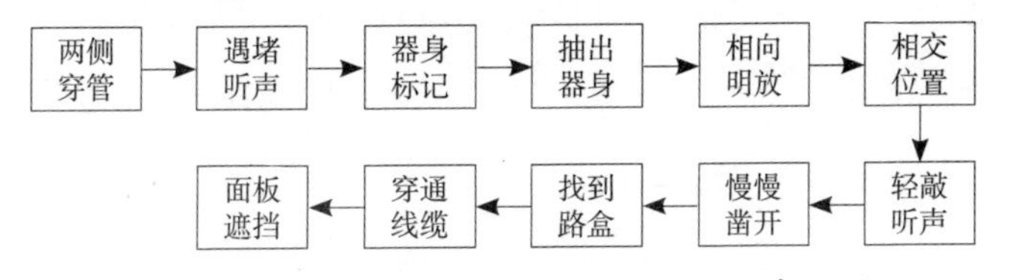

图 46　全光组网暗管定位过路盒法施工步骤图

②工具及耗材

所需工具：穿管器（绝缘、2 根），螺丝刀，润滑液瓶，抹布，垫布，记号笔，斜口钳，钉锤，钢凿等。

所需耗材：润滑液、空白面板（86 型）、双面胶（VHB）等。

③操作要点

由于客户端建筑、装修及家居环境复杂，存在串联或长距离暗管，这样的暗管敷设方式一般会存在过路盒；装修改动暗管位置、家具电器、吊顶都会导致过路盒被封堵或遮挡，直接影响到线缆穿引施工。本定位法能够提高过路盒定位的准确性，提高暗管穿引施工效率。

如图 47 所示，过路盒按照其中暗管方向可以分为相向、同向，同时也存在“背靠背”“上下过路”等情况；通常外部会有信息面板、空面板、水泥涂料、护墙板、家具、电器等遮挡或封堵。

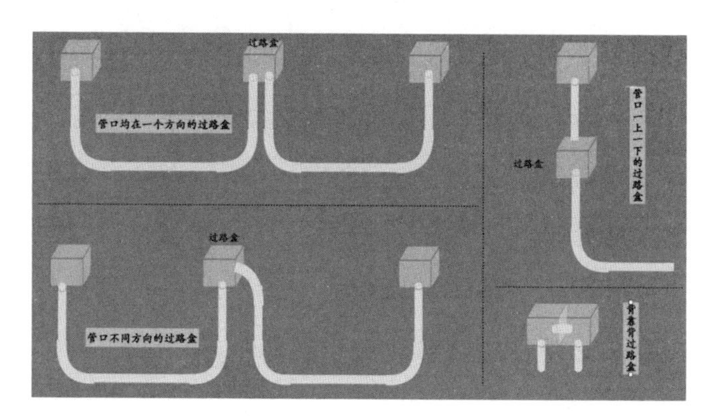

图 47　过路盒分类示意图

如图 48 所示，如果有无法通过目视或图纸发现的过路盒，可以通过同楼同房型对比的方法寻找底盒位置；如果暗管内有金属导线，可以通过暗管方向或寻线仪定位判断暗管大致的路由走势，推测过路盒大概的方向。

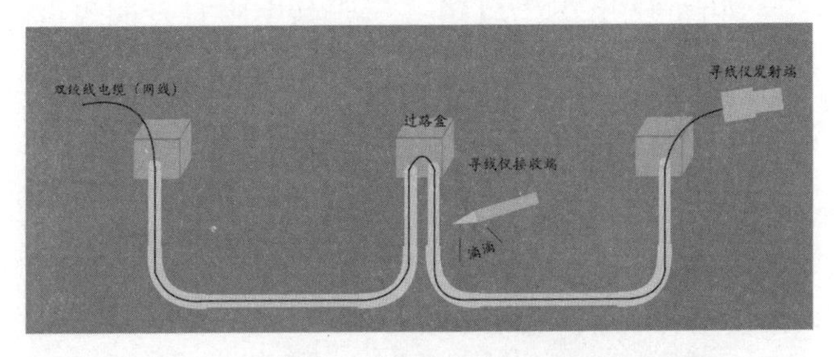

图 48　通过寻线仪定位判断过路盒方向示意图

如图 49 所示，听声辨位法：一般情况下，穿管器很难通过过路盒，穿引头会在遇堵的地方发生碰撞，产生声响，通过此声音可以大致判断过路盒或堵点位置；确定大致位置后，可采取“五点敲击法”，用螺丝刀柄末梢或橡皮榔头等轻轻敲击该区域的墙体 4 个角和中心点，找出与其他点不同的声音（空鼓声）位置，则该位置可能存在过路盒。但需要注意，如果墙体本身为中空材质，则不能用敲击方法。

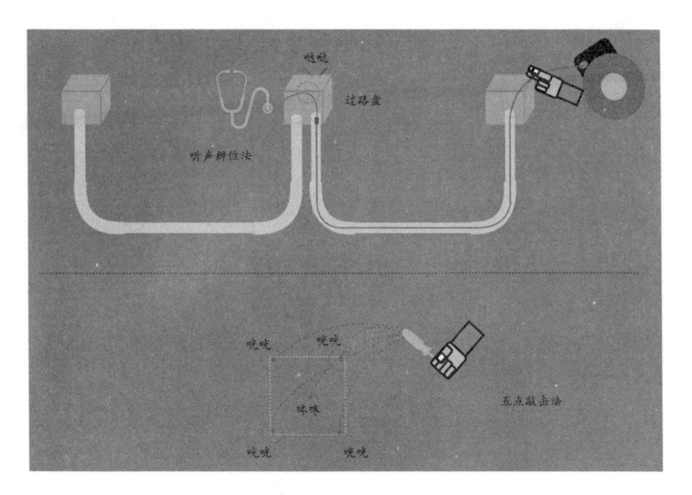

图 49　通过听声辨位法定位判断过路盒位置示意图

如图 50 所示，当无法通过声音确定位置的时候，可以采用“双向穿通丈量法”，从两侧暗管口穿管器相向而穿，直到两侧均无法穿动为止；在穿管器入管位置做记号标注，记录穿入暗管的长度；然后将穿管器抽出暗管，采用明线布放方式相向而放，穿管器相遇或临近区域则可能存在过路盒或堵点；最后结合“五点敲击法”，缩小确定范围。

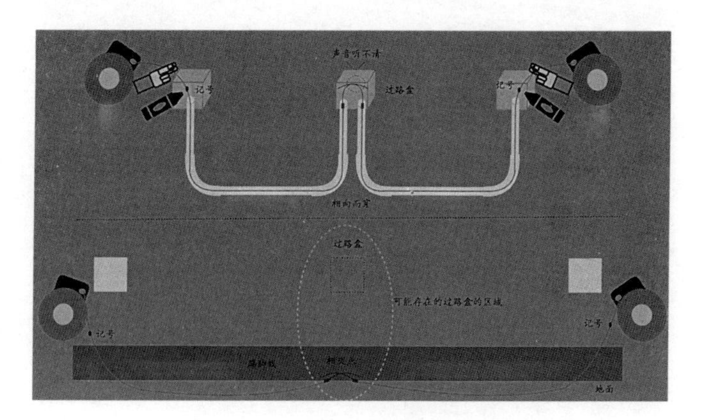

图 50　双向穿通丈量法示意图

确定底盒位置后，向客户说明开凿底盒存在的风险和问题，征得客户同意后方可开凿，轻敲轻砸，减少开创面；尽可能还原和保留原先的底盒状态，清理出暗管口，防止碎石堵塞；准备好面板，待穿引线完成后修复遮挡底盒，修复可以采用信息面板或空白面板，以螺丝或胶粘方式固定。

（6）铁丝缠绕法

①施工步骤

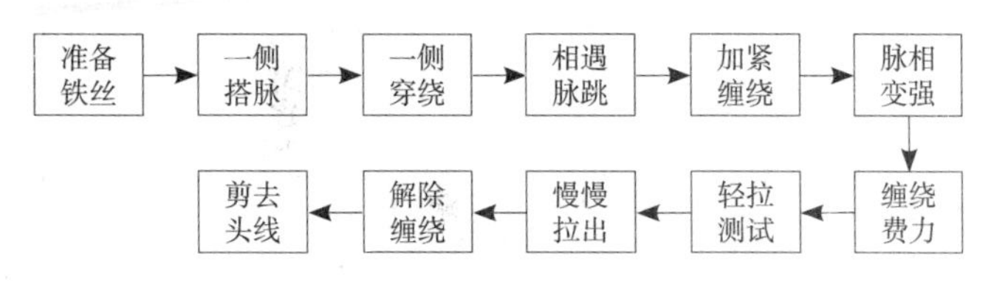

图 51　全光组网暗管铁丝缠绕法施工步骤图

②工具及耗材

所需工具：穿管器（绝缘）、牵引绳、螺丝刀、润滑液瓶、抹布、垫布、斜口钳、尖嘴钳、铁丝等。

所需耗材：润滑液、手套等。

③操作要点

如图 52 所示，遇到穿管器在管口位置无法穿出、牵引过程中牵引线缆掉落在管内等情况，且在管内无其他线缆的前提下，可以采用铁丝缠绕方法将线缆引（救）出；铁（钢）丝可能存在毛刺，可佩戴手套操作。

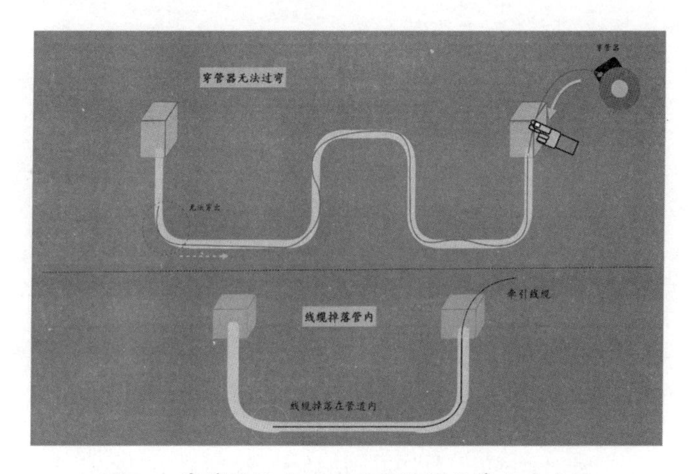

图 52　穿管器无法过弯及线缆掉落管内示意图

该方法采用的铁丝应镀锌防锈，可根据穿管长度和缠绕程度以及暗管情况选用直径 1.2~2.0mm、弹性韧度合适的铁（钢）丝。如图 53 所示，铁丝进入暗管操作前，应检查铁丝状态，确保铁丝没有打结、变形、损坏等情况，并做简单的拉力测试；进入暗管的铁丝头部应弯曲成一个不封口的圆圈，圆弧状可以防止其在穿管中卡在暗管接口凸起位置，开口不封闭便于缠绕挂钩。

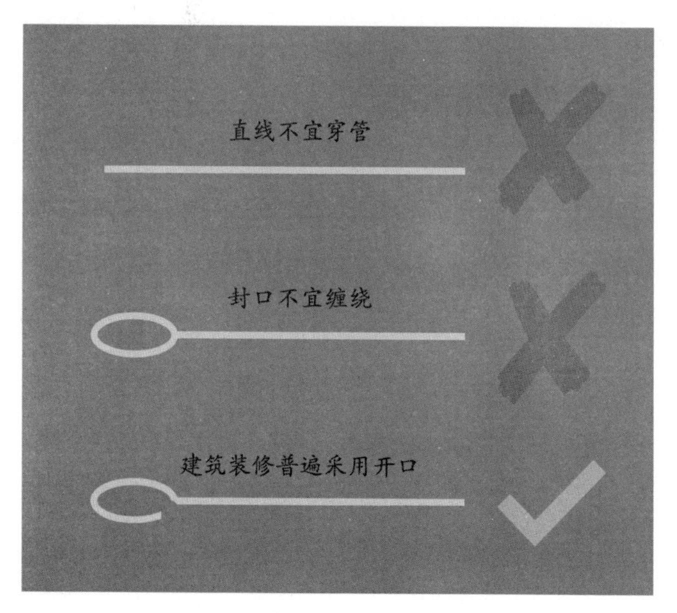

图 53　铁丝缠绕法头部示意图

铁丝穿管遇弯需要做旋转操作，才能增加穿管距离和过弯数，所以该方法一般不能用于已经有线缆且正常的暗管，操作前应做好验电等安全措施。

如图 54 所示，首先用尖嘴钳正确弯折铁丝头部，形成开口圈头，然后穿入暗管内，直管穿铁丝无须旋转，遇弯可旋转过弯；如有搭档，手指搭在另一侧管口被缠绕的线缆上，形似搭脉问诊，实则感触铁丝碰触缠绕后产生的震动，感到震动后告知旋转铁丝的搭档，加快铁丝的旋转和穿线。一般情况下，铁丝和线缆（穿管器）缠绕紧密充分后，旋转铁丝的人员会感受到铁丝旋转在物体上紧而有力的反馈，“搭脉”的人也会感受到频繁的线缆（穿管器）震动以及跟转，又可以进行后续的牵引操作，搭档配合，增加润滑，一送一拉，直至被牵引线缆（穿管器）被拉出管口，然后留足够余长，解除铁丝绑定，去除可能损伤的被缠绕线缆，检查修复可能损坏的被牵引穿线器。

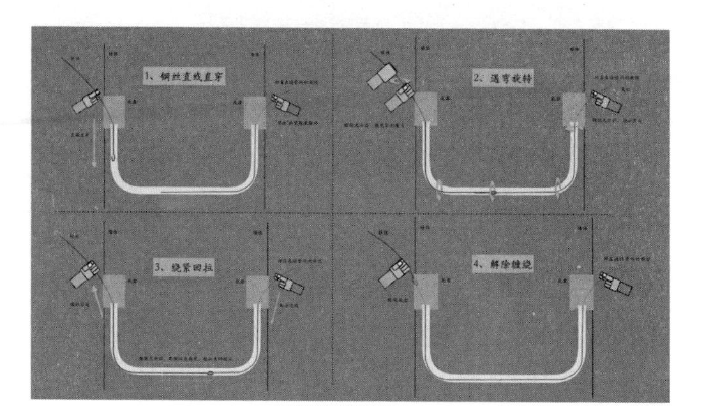

图 54　铁丝缠绕法操作示意图（1）

如图 55 所示，铁丝缠绕法也可以用于穿管，并能采取相向穿管碰触后缠绕的方式，即相向而穿，碰触后，一侧旋转，另一侧配合，直至紧密缠绕。

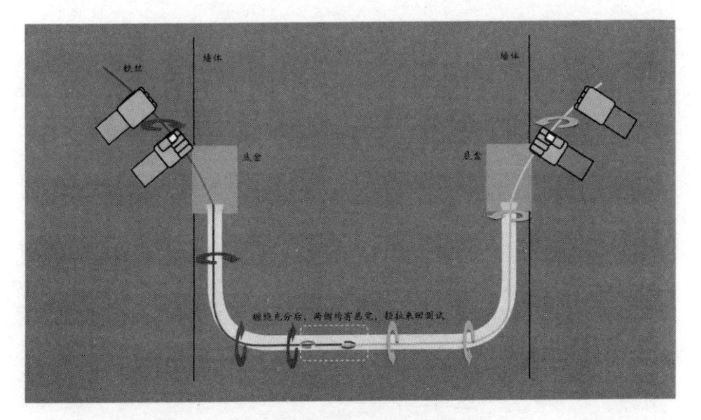

图 55　铁丝缠绕法操作示意图（2）

使用完毕，回收铁丝，盘绕绑扎，包裹尖锐的部位，放入工具包。

4. 隐形光缆

隐形光缆属于辅助布线形式，由于其特殊的应用场景，分类结构的不同，固定方式的差异性，为了便于读者学习了解，故在此针对其定义、分类做一些补充说明。

（1）隐形光缆定义

隐形光缆就是布放隐蔽美观，不容易被发

现；线径细，可利用缝隙小孔入户；耐弯曲，有一定的机械强度，兼容现有光网入户线缆；能够采用非钉布放方式，同时能通过熔接、现场快速连接等方式成端的光缆。虽然已有隐形光缆行业标准，但从其性能、客户感知和施工人员视角出发，其以下特征较为关键：线径细小可穿过细小缝隙、孔洞；透明或半透明护套，不容易被发现，可隐蔽美观布线；采用耐弯性能更好的弯曲不敏感型光纤，增加了一定的抗压能力和抗拉伸能力；能被包裹在其他形式的光缆内，组成其他形式的入户光缆；能采用冷胶、热胶及开放线槽等方式固定；现场成端过程中，需要在部分隐形微缆外侧加装套管增厚。

（2）隐形光缆分类

现阶段已投入应用的隐形光缆分类，如表 3 所示。按照光缆结构可以分为 3 类，隐形微缆、隐形蝶缆、自承式隐形蝶缆，如图 56 所示。按使用光纤标准可以分为3类，根据其抗弯能力由高到低为G.652D<G.657A2<G.657B3。按固定方式可以分为自带胶、外敷胶、开放式微型线槽3类。隐形光缆出厂盘长一般为100m、500m、1000m、2000m，可根据需求选择。

表3 隐形光缆选用标准

序号	按结构分类		按光纤标准分类			按固定方式	
1	隐形微缆	采用紧套结构，客户室内全光组网、入户光缆延长或更改位置接续布放选用	G.652D	最小弯曲半径30mm	价格便宜。对弯曲敏感，不适用于转弯多的布线环境，建议不要在全光组网中使用	自带胶	光缆外护套涂有热敏性胶水，遇热后会融化粘附。成本高，对布放要求也较高，且带胶光缆容易受到存放温度影响，粘上灰尘，影响敷设效果
2	隐形蝶缆	采用蝶形入户光缆结构，光纤采用隐形微缆，楼道至客户户内连续布放、全光组网明线钉固方式转变为隐形光缆布线方式时选用	G.657A2	最小弯曲半径7.5mm	抗弯曲能力等同于普通蝶形入户光缆，在复杂连续转弯环境中无优势	外敷胶	采用热熔胶或冷胶方式。要注意其粘附固定的可靠程度，结合适当的保护措施加固，避免脱落
3	自承式隐形蝶缆	采用自承载蝶形入户光缆结构，光纤采用隐形微缆，户外至客户户内连续布放选用	G.657B3	最小弯曲半径5mm	抗弯能力强，适用于复杂布线环境，但价格相对高一些。ITU-T重新定义标准后，其与G.652D兼容	开放式微型线槽	透明开放式线槽和隐形微缆结合，隐形光缆便于更换维护。目前成本较高，但布放效率是最高的

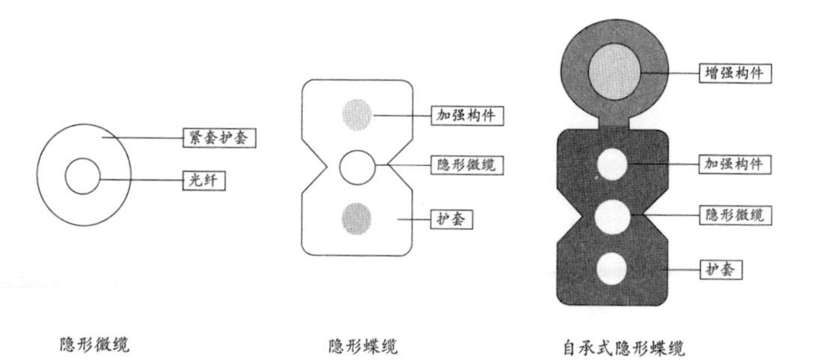

图 56　全光组网隐形光缆按结构分类图

（3）总口诀

隐形光缆，辅助布线。

纤芯选择，耐弯抗压。

敷设路由，走线原则。

安全第一，美观第二。

宜上少下，门框窗框。

踢脚吊顶，边角缝隙。

避开通道，绕开楼梯。

远离热源，不近潮湿。

布线步骤，谨记六步。

一勘路由，二做沟通。

三定方案，四做准备。

五要清洁，六起布线。

边放边粘，防缆变脏。

贴美纹纸，保护墙面。

热胶速干，用于定位。

环保硅胶，全程涂抹。

时间达标，粘性最佳。

潮湿低温，不宜固定。

温差变大，不适粘贴。

微型线槽，便于施工。

测双面胶，悬挂砝码。

（4）施工前光缆简易盘测

①施工步骤

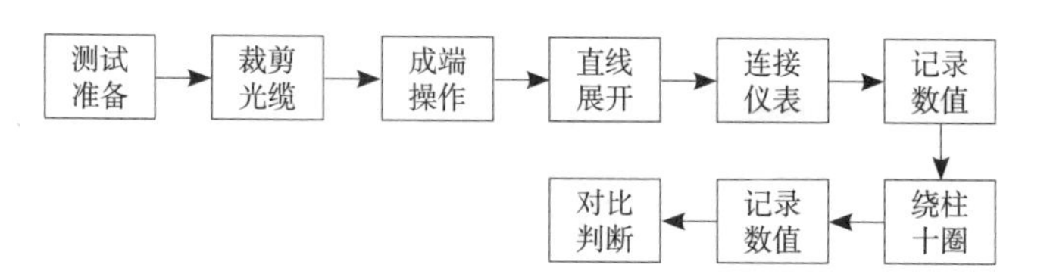

图 57　全光组网隐形光缆施工前光缆简易盘测步骤图

②工具及耗材

所需工具：光纤成端工具、稳定光源、光功率计、可视故障定位仪（红光笔）、绕线柱（直径对应隐形光缆最小静态弯曲半径）等。

所需耗材：成端相关耗材等。

③操作法

隐形光缆施工工艺要求较高，未开封和长期存放的隐形光缆应在施工前通过测试来判断其是否符合相应的标准，可以利用光源光功率、可视故障定位仪（红光笔）进行简易测试（单螺旋法）。

准备好测试用的仪表、工具、耗材，在被测试隐形光缆盘上取出一段50~60cm的样本，完成两侧成端，校准光源及光功率计。如图58所示为隐形光缆光源光功率简易盘测方法，两侧成端分别连接光源、光功率计，波长设置为对应YD/T1258.7中关于弯曲附加损耗测试波长1550nm；先进行直线测试，记录相应的测试结果；然后使用绕线柱进行测试，光缆贴合绕线柱缠4~6圈，

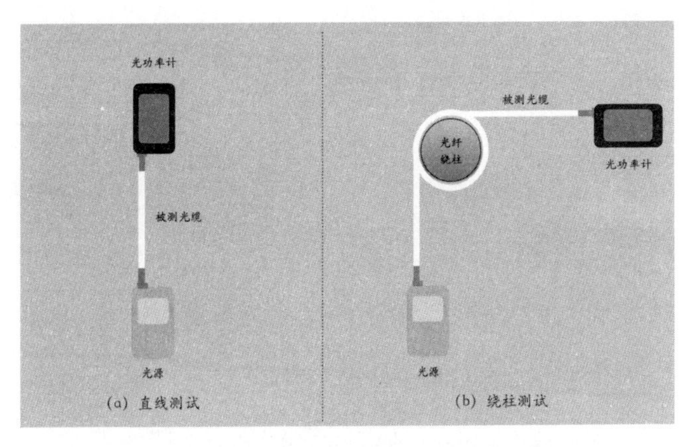

图58 隐形光缆光源光功率简易盘测

观察记录光功率测试结果；对比两侧测试功率值，观察绕线后的功率值是否有很大的变化，应为缠绕数 × 弯曲附加损耗≤直线测试结果 - 测试结果，不同弯曲半径下的附加损耗见表 4 中的“弯曲附加损耗”。

如图 59 所示为可视故障定位仪（红光笔）简易盘测方法，一侧成端连接可视故障定位仪（红光笔），先进行直线测试，观察另一侧红光出光强弱及聚焦情况；然后使用绕线柱进行测试，光

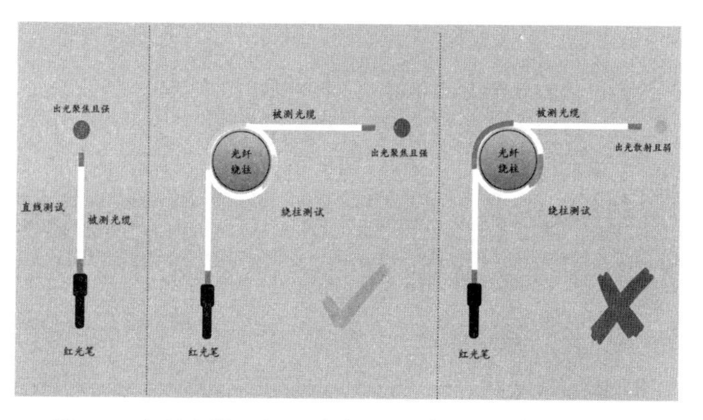

图 59　隐形光缆可视故障定位仪（红光笔）简易盘测

缆贴合绕线柱缠绕约 10 圈，观察红光情况；对比红光，观察绕线后的出光强弱、聚焦、弯曲部位漏光情况，如果光弱、散光、弯曲部位漏光严重，则该光缆性能不符合要求。

如表 4 所示为隐形光缆行业标准 YD/T 1258.7 中部分参数，供测试参考，布线选用的隐形光缆应符合或高于该标准要求。

表 4　隐形光缆选用标准

序号	关键指标名称	具体要求	备注
1	涂覆光纤	①宜含有 1 芯 ②二氧化硅涂覆层 ③纤芯宜为 B6a2 或 B6b3 ④涂敷层宜为本色	建议采用 B6b3 纤芯
2	护套	①宜采用聚酰胺 12、热塑性聚氨酯弹性体材料 ②厚度应不小于 0.25mm ③护套宜为本色，圆整光滑，无可视鼓包、裂纹、气泡、砂眼等	
3	结构尺寸	光缆典型结构宜为 0.9mm，容差正负 0.05mm，不得超过 1.5mm	宜采用 0.9mm 尺寸，兼容原有标准，工具耗材不用更新
4	涂覆光纤特性	模场直径、截止波长、尺寸参数应能兼容原有 FTTH 光缆标准	
5	衰减特性	① 1310nm：0.40dB/km=0.0004dB/m ② 1550nm：0.30dB/km=0.0003dB/m	

续表

序号	关键指标名称	具体要求	备注
6	机械性能	①涂覆层和光缆护套剥离力 5~18N/15mm ②短期允许拉伸力 10N ③短期允许压扁力 1000N ④长期允许压扁力 300N ⑤ B6a2 最小弯曲半径，动态弯曲情况下不小于 15mm，静态弯曲情况下不小于 7.5mm ⑥ B6b3 最小弯曲半径，动态弯曲情况下不小于 10mm，静态弯曲情况下不小于 5mm	
7	弯曲附加损耗	① B6a2 弯曲半径 7.5mm，其附加损耗 0.5dB；弯曲半径 10mm，其附加损耗 0.1dB ② B6b3 弯曲半径 7.5mm，其附加损耗 0.08dB；弯曲半径 5mm，其附加损耗 0.15dB	影响隐形光缆施工的重要指标，故推荐使用 B6b3（G.657B3）纤芯标准的隐形光缆

（5）隐形光缆布线操作法

①施工步骤

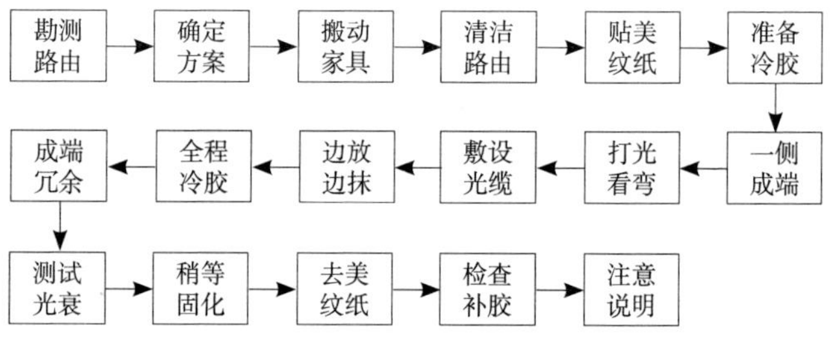

图 60　全光组网隐形光缆布线施工步骤图

②工具及耗材

所需工具及耗材如表 5 所示，为各布线环节及场景使用的工具及耗材，并结合一线现场施工体验，提供了线务员感知度评分。

表 5　隐形光缆工具及耗材线务员感知度

施工用途	使用器具和耗材	备注	线务员感知度
清洁	湿纸巾、干抹布	不同场景固定隐形光缆都必须使用清洁用具，一般先湿后干地擦拭布线路由	—
热胶固定	热胶枪、热熔胶棒、枪带刮胶器、护目镜	不适合玻璃、墙纸、暖气、潮湿的场景；热胶枪可能需要使用强电，不安全或使用电池成本较高；固定技术要求高，不能停顿反复，要匀速推进，特殊位置不能固定；施工时务必戴好护目镜；刮胶器必须是耐温的，并与枪头结合才能均匀刮胶。胶棒质量参差不齐，导致热胶固定后，容易引发发黄变色、脱落等情况。建议将热胶固定方式作为冷胶敷设时固定隐形光缆的辅助手段，而非隐形光缆敷设固定的主要方式	★★★
冷胶固定	中性硅胶、速干胶、刮胶器、硅胶枪、美纹带、护目镜、橡胶手套（指套）	适合不同场景使用；硅胶选择需是透明或半透明、无氨、无醋酸、无苯、无甲醛，耐腐蚀霉变、室内专用型、长效防裂防漏；需要速干胶或胶带辅助定位，美纹纸保护墙面，橡胶手套保护皮肤；施工时务必戴好护目镜，操作较为烦琐，胶需要 24h 左右才能固化，但敷设效果非常理想，也是本操作法推荐使用的固定方式	★★★★☆

续表

施工用途	使用器具和耗材	备注	线务员感知度
开放式微型线槽固定	开放式微型线槽、挤压推平车	施工时需要注意环境的温度和湿度；线槽布放前应提前释放其盘上的弯曲韧性；转弯处应剪开拼接；施工方便，缆和槽分开，便于维护替换，但成本较高	★★★★★
隐形微缆光纤标准	G.652D、G.657A2、G.657B3	首选 G.657B3，其次是 G.657A2，不建议使用 G.652D；选择光缆时还得注意其柔软性	—
成端及其固定	光纤 86 型面板、无痕魔术胶带、光纤现场连接器、热缩管、热缩保护盒、隐形微缆套管	光纤现场快速连接器安装需要使用套管增大隐形微缆的直径；熔接采用一般 FTTH 热缩管也需要使用套管增厚，采用工程细热缩管，则不需要使用套管；无痕魔术胶可以在墙面上固定光面板和保护盒。热缩套管应根据保护盒及光纤面板确定其长度	★★★★☆
自带胶固定	加热器、带胶隐形光缆	自带胶隐形光缆较为柔软脆弱易损伤，胶加热后粘附效果一般，且容易粘附灰尘。定制加热枪的价格也较为昂贵	★★★

③操作法

隐形光缆布放前应进行勘测，沟通、观察选择合适的路由、孔洞及缝隙进行布线敷设。敷设应因地制宜，首先应关注安全质量，再者关注美观隐蔽。如图 61、图 62 所示，避免在客户室外使用隐形光缆，同时不能在温差变化大的位置固

图 61　灶台等位置不适合敷设隐形光缆

图 62　地暖、壁炉等位置不适合敷设隐形光缆

定，例如厨房炉灶、燃气热水器排气管口、脱排油烟机排气管口、地暖地面、暖气片等位置。温度的变化会影响固定胶体的老化速度，从而导致线缆开胶脱落。

隐形光缆敷设的位置宜上不宜下，应避开通道和粉墙。布放路由应选择在搁置的地方（门窗框、踢脚线等处），应尽量避免跨门口、跨楼梯、跨通道的情况出现。如图 63、图 64 所示，布放路由选择错误，跨门口、跨楼梯容易引发安全问题；遇到墙面涂料场景时，应先目测墙体环境，观察是否有开裂、脱落、渗漏等情况，用干净的深色抹布轻抚墙体，观察是否有涂料脱落，倘若出现粉墙情况，则应避免在该部位进行固定，改走其他路由。由于隐形光缆抗拉力一般在 60N，通道、楼梯等位置人们活动频繁，线缆固定一旦脱落则容易引发绊倒事故。

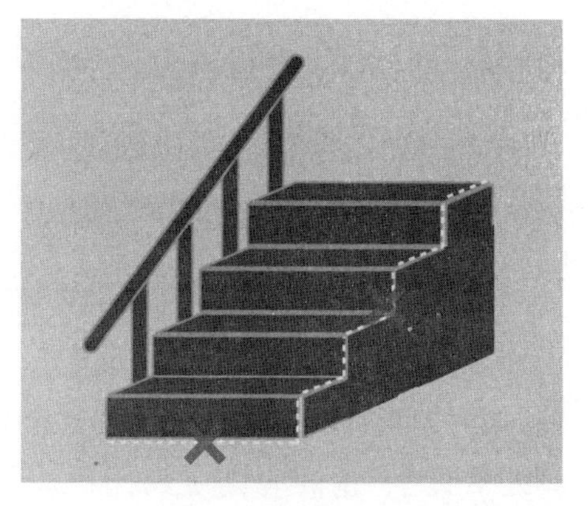

图 63　跨楼梯、贴着楼梯台阶等位置不适合敷设隐形光缆

图 64　跨通道等位置不适合敷设隐形光缆

布放路由可以优先考虑木质材、玻璃和瓷砖，尽量选择可以搁置受力的装饰部件，如门框、窗框、护墙板和踢脚线；注意玻璃、墙纸等场景不适合使用热胶方式。如图 65 所示，特别潮湿且容易产生水蒸气和凝露的地方，也不适合敷设隐形光缆。

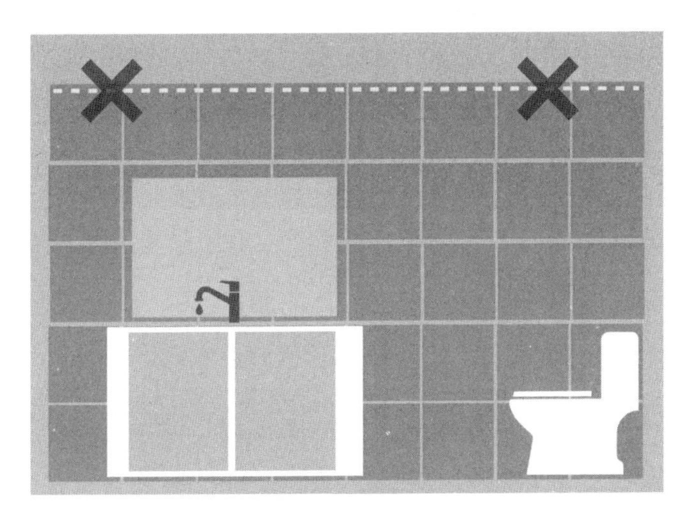

图 65　特别潮湿、容易产生水蒸气和凝露的位置不适合敷设隐形光缆

热胶、冷胶及软线槽，敷设关键位置需记录。如100页的表3和108~109页的表5所示，目前隐形光缆主要固定方式分为自带胶、外敷胶和开放式微型线槽，外敷胶方式又分为热胶和冷胶两种；每一种固定方式各有特点，应因地制宜地选择使用。虽然，冷胶敷设固化时间长，但固定可靠性和美观度优于热胶方式。

根据上述情况，避开不应敷设的区域，观察室内信息汇聚点，以及各房间预计安装光纤面板或终端设备的位置，规划好敷设布线路由。途经关键和特殊位置应做好记录，例如需搬动的家具、危险的位置或可供选择的路由，与客户沟通确认后方能进行施工；路由规划需要结合客户家的装修情况，优先选择靠近天花板、门窗框、踢脚线等处的路径进行敷设，以保证路由的安全性、隐蔽性；同时，路由规划需兼顾隐形光缆的弯曲半径。

确定路由之后，应对敷设路由经过的区域进行清洁，以确保隐形光缆粘贴牢固。首先，应清扫敷设途经区域的灰尘及垃圾，防止隐形光缆敷设过程中粘上灰尘。其次，根据路由敷设面材质情况进行仔细清洁，宜采用湿纸巾进行第一次清洁，等干后再用干净的干抹布进行第二次清洁，确保路由上没有灰尘等因素影响敷设质量。

隐形光缆快速定位固定绷直。如图 66 所示，

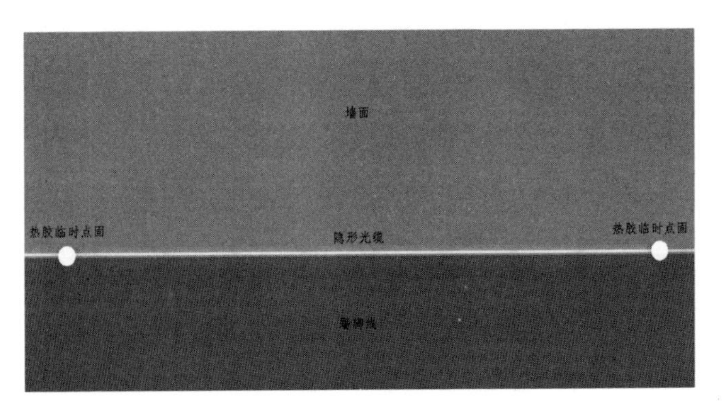

图 66　隐形光缆热胶临时点固

根据确定的敷设路由，将隐形光缆从盘上释放出来，宜采用热胶点固的方式，将其快速固定在敷设路由上，直线位置将光缆绷直，便于单人操作施工及后期冷胶涂抹固定；热胶点固涂抹要少量平整，不宜凸起。

如图 67 所示，清洁完毕后，视情况可采用美纹纸对墙面进行保护。将美纹纸贴在热胶点固的隐形光缆两侧，在缝隙中将隐形光缆露出；缝隙大小要适合后期能均匀涂抹冷胶。

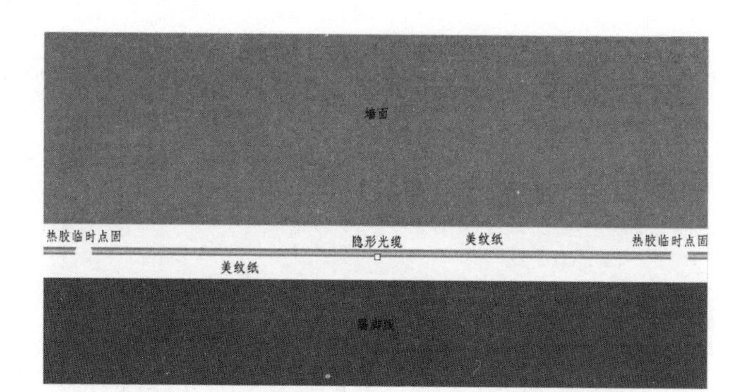

图 67 隐形光缆敷设前粘贴美纹纸进行保护

隐形光缆附着于墙体表面，进行冷胶或热胶敷设，本操作法推荐采用冷胶方式固定，故以下操作步骤以冷胶敷设为主。在敷设上胶过程中，隐形光缆释放出盘应避免缠绕、扭转，并防止接触灰尘等脏物。如图 68 所示，敷设冷胶应均匀涂抹，逐段施工；利用小刮片将硅胶涂抹均匀，也可以用戴橡胶手（指）套的手指进行涂抹，力度适当，防止用力过猛而导致光缆损伤。如图 69 所示，在转弯（阴角、阳角、平面转弯）位置应

图 68　隐形光缆冷胶涂抹

安装转角保护，确保隐形光缆达到或超过最小弯曲半径；如果需在敷设过程中调整光缆位置，应小心谨慎地将光缆移下，并清除已涂抹的胶。

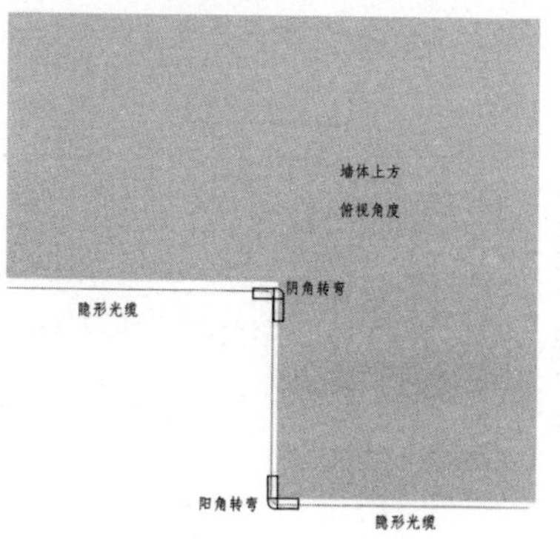

图 69　隐形光缆转弯（阴角、阳角、平面转弯）保护示意图

如图 70 所示，敷设涂抹完毕后，全程检查胶的固化情况，如出现脱胶、少胶可进行相应修补；等胶固化一会儿后，撕去光纤两侧的美纹纸。

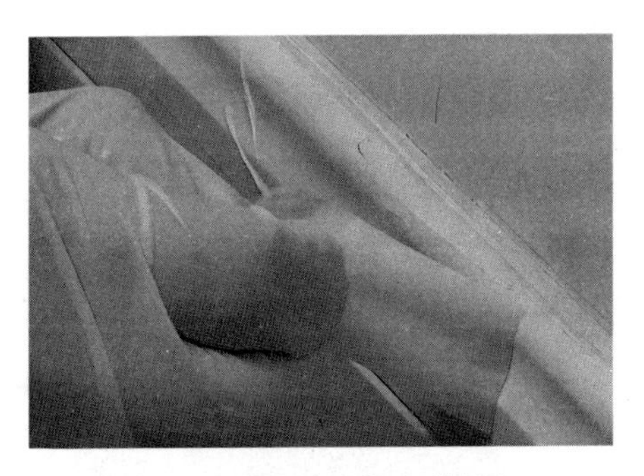

图 70　胶固化后撕去美纹纸

如果隐形光缆需通过门窗缝隙，应丈量缝隙并做挤压耐冲击测试。如图 71 所示，隐形光缆通过门缝隙进入，缝隙在 2mm 内应用隐形光缆固定在缝隙中进行挤压测试。首先，对测试使用光缆进行成端并测试其衰减情况。其次，用已成端隐形微缆固定在门缝处并关好门进行挤压测试（关闭 5min 以上），并开关门 20 次以上（关门幅度较大较重）。最后使用光源和光功率计进行测试，对比观察衰减变化情况，如 1490nm 波长衰减大于 0.5dB，则需要考虑更换敷设位置。

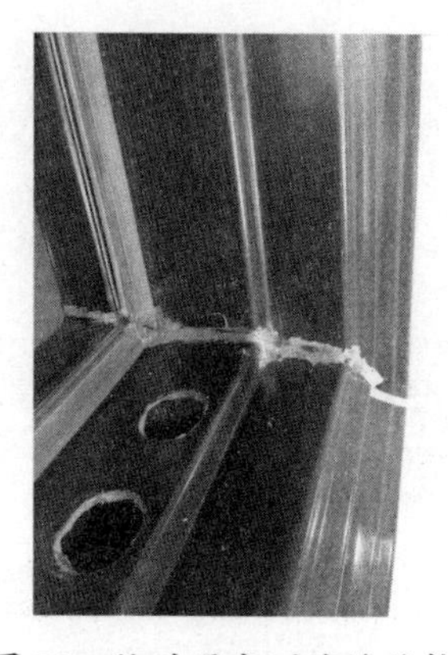

图 71　临时固定测试缝隙挤压

室内穿墙布线时，应优先考虑通过门缝或其他无危险的孔洞敷设，也可开新孔。开孔优先考虑微创、微孔方式，如门框下方开微槽、门窗框开小孔；隐形光缆穿放孔洞后，应封堵孔洞或缝隙；可考虑采用硅胶、封洞泥进行封堵，封堵应光滑、平整、牢固。隐形光缆穿越孔洞的两端应留有一定的弧度，以保证光缆达到弯曲半径要求。

微型线槽敷设方式如图 72 所示，应先丈量线槽的布放长度，并在转弯处逐一剪断，然后清洁路由，待清洁干燥后，粘贴线槽，撕去粘纸保护，粘贴至路由固定面上，按压数十秒，利用挤压平滑小车进行再次按压，并在转弯处做相应的转角保护。最后，将隐形光缆压入线槽，要确保全部压入。如果线槽配备线槽盖板，则应把盖板盖上。

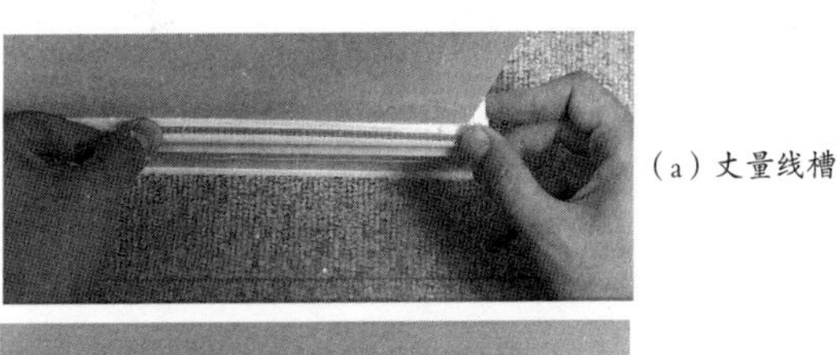

（a）丈量线槽

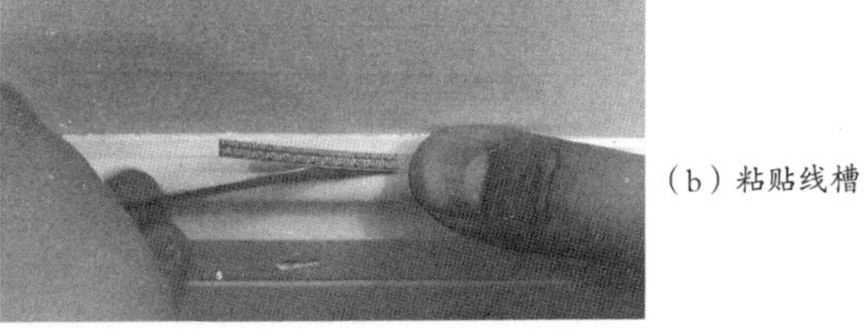

（b）粘贴线槽

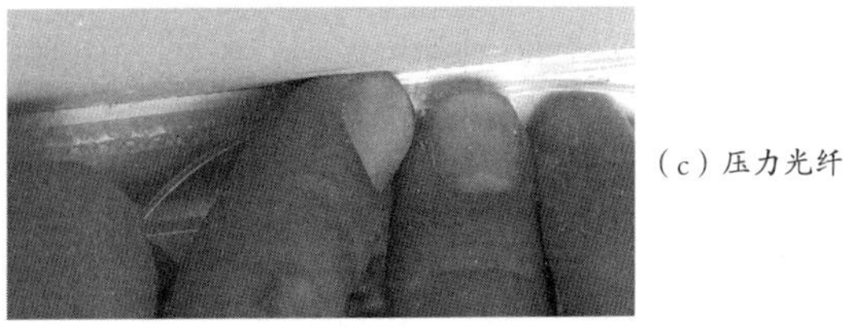

（c）压力光纤

图 72　微型线槽敷设方式示意图

四、全光组网安装维护交付标准

全光组网安装维护施工结束后，可对照表6进行相应的测试验收，确保交付质量，改善客户感知。

表 6　全光组网安装维护交付标准

连接方式	适用终端	测试环境	测试终端要求	验收交付标准	适用场景
光纤连接为主	全光网主从设备等	有线测试环境，主从设备全光纤组网；Wi-Fi 测试环境：无遮挡、支持 5G 频段 Wi-Fi 测速	1. 光功率测试仪表，稳定光源、光功率计； 2. 笔记本电脑，应具备达到或超越 Wi-Fi 6 160MHz MU-MIMO 2×2 空间流能力的无线网卡，且具备雷电 4 接口或自带 2.5Gbps 及以上速率网卡； 3. 掌上测速终端：应具备达到或超越 Wi-Fi6，160MHz，MU-MIMO 2×2 空间流能力及以上；具备 Type-C，并具备 USB 3.1 GEN 1 能力，支持 OTG 功能；安卓或鸿蒙系统，可搭配兼容 Type-C 支持的网卡、HDMI 输入卡等；具备 Wi-Fi 超千兆测速；支持安装对应全光组网交付、设备调试的 App	1. 全光组网光功率交付要求 全光组网局域网内每一根全光组网敷设的光缆链路损耗＝光缆损耗＋连接器件损耗＋接续点损耗，不含两侧跳纤、适配器，该损耗应小于等于 1dB；如采用分光器组网，则应对分光器插入损耗进行检测，并纳入全程光衰预算范围；功率应在主从设备光模块接收范围。 2. 全光组网交付标准 （1）测试链路等均应符合 GB/T50312 中对应的要求； （2）测试终端、设备接口应能达到千兆速率，宜配置超千兆接口； （3）有线测速可采用单端口单测试终端、多端口多测试终端、链路汇聚等方式进行测速； （4）1000Mbps 及以上速率套餐有线测速结果不低于承诺带宽的 90%。 3.Wi-Fi 交付标准 （1）测试场强不低于 -65dBm； （2）仅在 5GHz 频段进行 Wi-Fi 测速； （3）对于支持 160MHz 频宽的全光主从设备，宽带速率 1000Mbps，Wi-Fi 测速结果不低于原速的 80%；对于最高支持 80MHz 频宽的全光主从设备，宽带速率 1000Mbps，Wi-Fi 测速结果不低于宽带速率的 60%。 4. 漫游交付标准 漫游切换时长小于 1s	适用于全光组网安装维护场景

后 记

“装维线务员”是通信线务员工种的一个分支，它不仅是通信线务工作大段落中的“一小段”，而且也是通信接入领域中最贴近客户和应用的一段。线务员面对的工作环境是复杂、困难、多变的，“脏、累、苦、险”往往是装维工作的写照。随着通信技术的发展，它的名称也从“装维线务员”转变为了“智慧家庭工程师”等，但不论名称如何变化，不变的是其“技术+技能+服务”的工作本质。

笔者工作至今已有27年，感谢企业给予的机会和鼓励，感恩师傅和伙伴们的关心与帮助。经过学习和实践，笔者也从一名线务员初级工成长为高级技师，工作也逐步得到了认可；成立了工作室，聚集了一批志同道合的伙伴，大家一起立足岗位、攻坚克难、岗位创新、总结提炼、分享经验，伙伴们也不断成长，获得了一些荣誉。但笔者始终认为荣誉只代表过去，我们应该脚踏实地地着眼于当下和未来。

党的二十大报告要求加快建设“网络强国”“数字中国”。我们深感责任重大、使命光荣。在推进“网络强国”建设的历史使命中，我们将继续发扬劳模精神，发挥引领力、实践力、创新力、攻关力、传承力，持续以专业贡献、创新成果、人才培养来构筑“网络强国”强有力的信息基础根基。

笔者和伙伴们将坚持从自己做起，将简单重复的事用心做好，追求精益求精的结果，更注重充满乐趣的过程；坚持自己的服务理念，服务始于心、实于行、益于人；坚持传承和分享，用自己的5小时，变成大家的5分钟；坚持学习和创新，合适的才是最好的。我和工作室的伙伴们将继续拼搏努力，弘扬践行劳模精神、劳动精神、工匠精神，服务好“同行”和客户，不忘自己的初心使命！

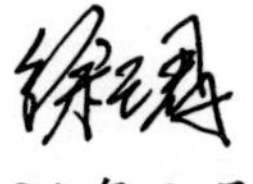

2024年9月

图书在版编目（CIP）数据

徐珺工作法：全光组网安装维护交付 / 徐珺著.
北京：中国工人出版社，2024.10. -- ISBN 978-7
-5008-8531-3

Ⅰ.TN929.11

中国国家版本馆CIP数据核字第2024AB4889号

徐珺工作法：全光组网安装维护交付

出 版 人　董 宽
责任编辑　刘广涛
责任校对　张 彦
责任印制　栾征宇
出版发行　中国工人出版社
地　　址　北京市东城区鼓楼外大街45号　邮编：100120
网　　址　http://www.wp-china.com
电　　话　（010）62005043（总编室）
　　　　　（010）62005039（印制管理中心）
　　　　　（010）62379038（职工教育编辑室）
发行热线　（010）82029051　62383056
经　　销　各地书店
印　　刷　北京市密东印刷有限公司
开　　本　787毫米×1092毫米　1/32
印　　张　4.75
字　　数　55千字
版　　次　2024年12月第1版　2024年12月第1次印刷
定　　价　28.00元

优秀技术工人百工百法丛书

第一辑　机械冶金建材卷

优秀技术工人百工百法丛书

第二辑　海员建设卷

优秀技术工人百工百法丛书

第三辑　能源化学地质卷

100 ARTISANS AND 100
TECHNIQUES SERIES
孙同根
工作法
S Zorb装置
优化

100 ARTISANS AND 100
TECHNIQUES SERIES
王月鹏
工作法
基于绝缘平台的
绝缘杆作业法

100 ARTISANS AND 100
TECHNIQUES SERIES
王跃
工作法
滴定分析的
判断与控制

100 ARTISANS AND 100
TECHNIQUES SERIES
杨新海
工作法
车载移动测量技术
在实景三维成果
质量检验中的应用

100 ARTISANS AND 100
TECHNIQUES SERIES
杨义兴
工作法
油田修井现场
清洁生产
技术应用

100 ARTISANS AND 100
TECHNIQUES SERIES
游弋
工作法
煤矿供电系统
防晃电
设计与应用

100 ARTISANS AND 100
TECHNIQUES SERIES
余姝
工作法
高陡峡谷区
地质灾害调勘查